兴隆热带植物园科普丛书

热带香料饮料植物
TROPICAL SPICE AND BEVERAGE PLANTS

苏凡　贺书珍　邓文明◎主编

广东科技出版社
全国优秀出版社
·广州·

图书在版编目（CIP）数据

热带香料饮料植物/苏凡等主编．—广州：广东科技出版社，2024.9
ISBN 978-7-5359-8324-4

Ⅰ.①热⋯　Ⅱ.①苏⋯　Ⅲ.①热带—香料植物—图集　Ⅳ.①S573-64

中国国家版本馆 CIP 数据核字（2024）第 081394 号

热带香料饮料植物
Redai Xiangliao Yinliao Zhiwu

出 版 人：严奉强
责任编辑：尉义明
装帧设计：柳国雄
责任校对：曾乐慧　李云柯
责任印制：彭海波
出版发行：广东科技出版社
　　　　　（广州市环市东路水荫路 11 号 邮政编码：510075）
销售热线：020-37607413
https://www.gdstp.com.cn
E-mail：gdkjbw@nfcb.com.cn
经　　销：广东新华发行集团股份有限公司
排　　版：美致广告
印　　刷：广州市彩源印刷有限公司
　　　　　（广州市黄埔区百合三路 8 号　邮政编码：510700）
规　　格：889 mm×1 194 mm　1/16　印张 14　字数 350 千
版　　次：2024 年 9 月第 1 版
　　　　　2024 年 9 月第 1 次印刷
定　　价：200.00 元

如发现因印装质量问题影响阅读，请与广东科技出版社印制室联系调换（电话：020-37607272）。

《兴隆热带植物园科普丛书》
编委会

总主编 王庆煌

编　委（按姓氏音序排列）

陈业渊　邓文明　郝朝运　李　琼　刘国道

龙宇宙　秦晓威　苏　凡　谭乐和　唐　冰

吴　刚　邢谷杨　闫　林　张籍香

《热带香料饮料植物》
编委会

主　编 苏　凡　贺书珍　邓文明

副主编 吉训志　秦晓威　李香莉　苏　宁　邓伦栋　王韫镭

编　委（按姓氏音序排列）

陈　鹏　仇立爽　邓伦栋　邓文明　范　睿　郝朝运

贺书珍　胡丽松　黄富权　黄丽芳　吉训志　李付鹏

李香莉　林利波　吕　林　欧阳诚　庞永青　秦晓威

苏　凡　苏　宁　谭乐和　唐　冰　王　辉　王丽萍

王　睿　王羲奥　王晓阳　王　欣　王学良　王韫镭

吴　刚　吴雅倩　伍宝朵　许卫东　闫　林　杨家友

张　昂　赵云卿

序

在地球的南北回归线之间，有一片如诗如画的土地。大自然似乎特别眷顾这里，这里气候独特，阳光充足，雨水丰沛，是热带香料饮料植物的天堂。热带香料饮料植物是全球食品、饮料及化妆品等行业的重要原料来源，中国、巴西、科特迪瓦、印度尼西亚、马来西亚和泰国等国家都以其丰富的热带香料饮料植物资源和重要产地而闻名。海南是世界生物多样性研究的热点之一，承载着丰富的科研价值和文化价值。随着全球对热带香料饮料植物需求的不断增长，如何平衡资源开发与保护成为了一个亟待解决的问题。

热带香料饮料植物资源的收集与保存，是一项充满挑战又极具国家战略意义的工作。这些植物不仅丰富了人类的饮食文化，还因其独特的生物活性成分在医药、食品工业、日化产业等领域展现出巨大的潜力。然而，它们大多生长在环境复杂多变的热带雨林中，这无疑增加了收集和保护工作的难度。它们有的深藏于崇山峻岭之间，需要研究工作者克服地形的险阻，才能进一步进行探索；有的则隐匿于密林深处，需要科研工作者具备敏锐的观察力，才能在茂密的植被中探寻踪迹。收集工作完成后，保存任务也同样艰巨。为系统性安全保存丰富多样的热带香料饮料植物种质资源，需要建立专业的种质资源圃，通过科学的手段模拟原生环境成为保存这些宝贵植物资源的关键。中国热带农业科学院香料饮料研究所通过不断地收集引进各类香料饮料植物种质资源，建立了国家热带香料饮料作物种质资源圃，为热带香料饮料植物的长期安全保存和创新利用

提供了有力保障。

热带香料饮料植物资源在多个学科领域内展现出其应用的广泛性和深远影响。在食品领域，胡椒、肉桂、八角、花椒、草果、丁香等香料植物，早已成为厨房中不可或缺的调味品。咖啡、可可、茶树等饮料植物，则成为全球"三大饮料作物"，为人们的生活增添了几分闲适与惬意；在医药领域，热带植物香料饮料植物由于富含多种生物活性成分，如多酚、黄酮类物质等，因其潜在的抗氧化、抗炎等特性，在药物和保健品开发中备受重视；在日化领域，这些植物的天然香气和提取物可以运用到香水、化妆品中，推动了日化产品的创新和多样性。

更为深远的是，热带香料饮料植物资源的开发利用，还取得了良好的经济效益和社会效益。中国热带农业科学院香料饮料研究所通过"科学研究、产品开发、科普示范"的"三位一体"发展模式，创新香料饮料全产业链生产技术，不仅建立完善的品种选育、栽培管理、产品开发、品牌建设、科普教育等产业链体系，形成三产融合发展新模式，还带动了热区农民增收致富，不断推动热带特色作物产业高质量发展，满足人们对美好生活的需求。

《热带香料饮料植物》的出版，不仅是对这些宝贵植物资源的记录与展示，更是对科研人员辛勤付出的致敬。在收集与保存的不易中，我们看到了人类与自然和谐共生的智慧与勇气；在利用的广泛与深远中，我们感受到了这些资源对人类社会的巨大贡献。未来，随着科技的进步和人们对美好生活的不断追求，热带香料饮料植物资源必将焕发出更加璀璨的光芒。

刘国道

中国热带作物学会理事长

2024年8月

序

在当今快节奏的生活中，人们越来越关注健康和生活品质，而香料饮料植物作为一种天然、健康的食品原料，正逐渐受到大家的青睐。这本书将带我们走进香料饮料植物的世界，探索它们的魅力所在。

随着天然和健康生活方式的兴起，天然香料饮料的应用越来越受到重视。《热带香料饮料植物》的出版，正当其时。我们鼓励广大读者、研究人员及行业同仁，通过这本书深入了解香料饮料植物的来源和特性，探索更多可能的应用领域，推动香料饮料行业的持续发展和创新。

书中不仅介绍了香料饮料植物的基本情况和资源保护利用，还关注了香料饮料植物的市场前景和发展趋势，分析了国内外市场的需求和潜力，为从事香料饮料植物种植、加工和销售的朋友们提供了有益的参考，让读者对这一领域有一个专业的了解。作者详细阐述了298种香料饮料植物的形态特征、生境与分布等方面的科学知识，描绘了每种植物的"肖像"画，将科学与艺术完美结合。此外，本书还深入探讨了香料饮料植物的利用，为读者提供了丰富的灵感和创意，能够在阅读的同时感受到香料饮料植物的魅力，让我们能够在家中轻松制作出美味可口的食物。

《热带香料饮料植物》内容丰富、实用性强，相信它一定会为广大读者带来全新的视角和启发，能够激发读者对香料饮料植物的兴趣，增进对这一领域的认知和理解。香料饮料植物不仅为我们的饮

食增添了风味，更为人类的历史和文化添上了浓墨重彩的一笔。每一株香料饮料植物背后，都藏着一个关于文化交流和地理发现的故事。希望大家在阅读过程中能够收获满满，更好地享受香料饮料植物带来的美好生活。

感谢作者、出版社及所有参与本书制作的工作人员，他们的努力使得这样一本精彩的作品得以呈现给公众。我们广州市名花香料有限公司将深耕香料饮料文化的传播和产品的开发，与所有热爱香料饮料的人士一起，探索这个充满无限可能的香氛世界。

谨以此序，祝愿本书的出版取得圆满成功，也祝愿大家在香料饮料植物的世界里找到属于自己的那份美好。

让我们一起打开《热带香料饮料植物》，开启一场视觉和嗅觉的盛宴，感受这些自然奇物赋予我们生活的多彩和深度。

广州市名花香料有限公司

2024年6月

前 言

中国是世界上使用香料饮料植物最早的国家之一，自古就有使用香料饮料进行烹调和饮用的历史传统。例如，《论语》中就有关于生姜使用方法的记载；春秋时期的齐国著名厨师易牙将多种香辛料植物混合用于烹饪，并将其命名为"十三香"。我们日常所见的食材佐料，如大蒜、生姜、肉桂、八角、胡椒、花椒等都属香料植物，这些调料不仅用于改善食物色泽和香气，更能激发人们的食欲。说起饮料植物，就不得不说起茶，有关中国饮茶起源最普遍的说法是神农在野外以釜锅煮水时，刚好有几片叶子飘进锅中，煮好的水，其色微黄，喝入口中生津止渴、提神醒脑；到了魏晋南北朝时，茶一度成为奢侈饮品；隋唐以后，茶饮逐渐普及，从皇室到百姓，无不爱茶。同香料植物一样，凡是在植物根、茎、叶、花、果实和种子等器官中，有一种或多种可作为原料加工成饮料的植物，都可以称为饮料植物。饮料植物最初是当作药用的，后来发展成为饮料。东汉华佗在《食经》中有记载"苦茶久食，益意思"，体现了早期饮料植物的医学价值。我国的药食两用香料饮料植物资源非常丰富，大部分还处于野生状态，为可持续开发利用提供了资源储备。有些药食两用香料饮料植物已实现规模化种植栽培和商业化应用，如胡椒，因其含有胡椒碱和少量的胡椒挥发油，常被用作香料调味，也可作胃寒药，能温胃散寒、健胃止吐；苦丁茶一般指冬青属植物大叶冬青、扣树等制成的代用茶，具有降血脂和降血压的作用。

我国既是香料饮料植物使用大国，也是香料饮料植物资源大国，然而，很多香料饮料植物资源仍处于野生状态，迄今未被科学合理利用。大量的野生香料饮料资源生长在碎片化自然环境中，资源分布零散，面临消失的风险。同时，也未能将资源优势有效转化为社会经济生态效益。香料饮料具有"美味佳肴离不了，美容健康都需要"的特点，随着全球香料饮料行业的消费趋势向着天然化发展，香料饮料成为人们美好生活的必需品，在人们生活中无处不

在，市场前景十分广阔。因此，开展香料饮料植物资源的调查研究与开发利用，是实现香料饮料资源保护与利用可持续发展的关键基础，具有重要的理论和实践意义。

兴隆热带植物园是一座集科学研究、产品开发、科普示范和种质资源保护于一体的综合性热带植物园，隶属中国热带农业科学院香料饮料研究所，是海南最早对外开放参观的热带植物园。兴隆热带植物园在植物引种驯化、鉴定评价、开发利用方面具有悠久的历史。20世纪50年代，泰国、越南、印度尼西亚、马来西亚等20多个国家和地区的归侨们在兴隆华侨农场安家。华侨们携带了很多热带植物资源，我们将其带回兴隆热带植物园保育，包括橡胶、胡椒、咖啡、可可、香草兰、依兰、香露兜、面包树、尖蜜拉、食用槟榔青和牛角蕉等。后来，在中国热带农业科学院香料饮料研究所一代又一代科研工作者的努力收集、引种保育下，逐渐形成了包括热带香料饮料植物、热带特色水果、热带观赏植物、棕榈植物、热带水生植物、热带珍稀濒危植物和热带沙生植物在内的多个植物专类园区。

自1957年以来，中国热带农业科学院香料饮料研究所科研人员多次深入国内外，开展香料饮料植物资源调查与研究，他们的足迹遍及中国海南三沙、广东江门、广西凭祥、福建漳州、云南怒江、四川攀枝花、西藏墨脱等地区，以及哥斯达黎加、哥伦比亚等拉丁美洲国家和地区，科特迪瓦、科摩罗等非洲国家和地区，泰国、柬埔寨等东南亚国家和地区，萨摩亚、汤加等南太平洋岛国和地区。这些科研人员在当地进行了香料饮料植物资源考察，为相关种质资源保护与利用提供了科技支撑。

编者对兴隆热带植物园保存的香料饮料植物资源进行了系统整理，共记录到51科144属310种，其中香料植物42科122属274种；饮料植物26科37属55种；既能作香料植物也能作饮料植物的13科14属19种；栽培植物36科83属158种。《热带香料饮料植物》一书是在此基础上编写完成的，该书较为系统地介绍了兴隆热带植物园热带香料饮料植物资源收集保存概况，详细介绍了298种热带香料饮料植物资源的特性，包括每种植物的学名、别称、形态特征、生境与分布和利用等内容，并配有图片1 000余张，便于读者了解丰富的热带香料饮料植物。本书对香料饮料植物资源的科学研究具有一定的参考价值，可为了解热带香料饮料植物种类多样性提供基础资料，也可为香料饮料植物科普、产品开发、植物资源保护等提供科学指导。

在本书编写过程中主要参考了《中国植物志》《海南植物志》《云南植物志》《广东植物志》《兴隆热带植物园植物名录》、*Flora of China* 等诸多资料。由于书中热带香料饮料植物种类都属于被子植物，在科的编排顺序及物种归属分类上，被子植物遵从APG系统排列，属名按字母顺序排列，种的名称基本遵从了 *Flora of China* 的分类处理。

本书的出版主要得到"2021年海南省科普场馆运行补助经费项目""海南省2022年基层科普行动计划专项资金""国家热带植物种质资源库香料饮料种质资源分库""物种品种保护""藏东南（墨脱、察隅等）热带生物种质资源收集与保护""边远热区热带作物种质资源收集保存与鉴定评价（NYNCBKFSXM2023—2025）"和"海南本土特色香料饮料植物资源抢救性收集与安全保存"的资助！

由于编者水平有限，难免出现错漏和不妥之处，恳请读者批评指正！

编　者
2024年2月

目　录

一、热带香料饮料植物概述 ·· 1
　（一）香料饮料植物的资源概况 ··· 1
　（二）香料饮料植物的类别及分类 ·· 2
　（三）香料饮料植物在园林建设中的意义 ·· 6
　（四）香料饮料植物的保护利用 ··· 7
二、热带香料饮料植物种类详述 ·· 23
　（一）五味子科 Schisandraceae ·· 23
　　　1. 八角 *Illicium verum* Hook. f. ·· 23
　（二）三白草科 Saururaceae ··· 24
　　　2. 蕺菜 *Houttuynia cordata* Thunb. ··· 24
　（三）胡椒科 Piperaceae ·· 24
　　　3. 长耳树胡椒 *Piper auritum* Kunth ··· 24
　　　4. 蒌叶 *Piper betle* L. ·· 25
　　　5. 黄花胡椒 *Piper flaviflorum* C. DC. ·· 25
　　　6. 大叶蒟 *Piper laetispicum* C. DC. ··· 26
　　　7. 麻根 *Piper magen* B. Q. Cheng ex C. L. Long & Jun Yang ············· 26
　　　8. 醉椒木 *Piper methysticum* G. Forst. ··· 27
　　　9. 胡椒 *Piper nigrum* L. ··· 28
　　　10. 裸果胡椒 *Piper nudibaccatum* Tseng ·· 29
　　　11. 角果胡椒 *Piper pedicellatum* C. DC. ·· 29
　　　12. 桐叶胡椒 *Piper peltatum* L. ··· 30
　　　13. 荜拔 *Piper longum* L. ··· 30
　　　14. 假蒟 *Piper sarmentosum* Roxb. ·· 31
　　　15. 缘毛胡椒 *Piper semiimmersum* C. DC. ······································· 31
　　　16. 小叶爬崖香 *Piper sintenense* Hatusima ······································· 32
　（四）肉豆蔻科 Myristicaceae ··· 32
　　　17. 肉豆蔻 *Myristica fragrans* Houtt. ··· 32

18. 云南肉豆蔻 *Myristica yunnanensis* Y. H. Li ······ 33

（五）木兰科 Magnoliaceae ······ 33

19. 白兰 *Michelia × alba* DC. ······ 33
20. 黄兰含笑 *Michelia champaca* L. ······ 34

（六）番荔枝科 Annonaceae ······ 34

21. 鹰爪花 *Artabotrys hexapetalus* (L. f.) Bhandari ······ 34
22. 依兰 *Cananga odorata* (Lamk.) Hook. f. et Thoms. ······ 35
23. 小依兰 *Cananga odorata* var. *fruticosa* (Craib) Sincl. ······ 35
24. 假鹰爪 *Desmos chinensis* Lour. ······ 36

（七）樟科 Lauraceae ······ 36

25. 华南桂 *Cinnamomum austrosinense* H. T. Chang ······ 36
26. 钝叶桂 *Cinnamomum bejolghota* (Buch.-Ham.) Sweet ······ 37
27. 阴香 *Cinnamomum burmanni* (Nees & T. Nees) Blume ······ 37
28. 樟树 *Cinnamomum camphora* (L.) Presl ······ 38
29. 肉桂 *Cinnamomum cassia* (L.) D. Don ······ 38
30. 云南樟 *Cinnamomum glanduliferum* (Wall.) Nees ······ 39
31. 兰屿肉桂 *Cinnamomum kotoense* Kanehira et Sasaki ······ 39
32. 黄樟 *Camphora parthenoxylon* (Jack) Nees ······ 40
33. 少花桂 *Cinnamomum pauciflorum* Chun ex Hung T. Chang ······ 40
34. 香桂 *Cinnamomum subavenium* Miq. ······ 41
35. 锡兰肉桂 *Cinnamomum verum* J. Presl ······ 41
36. 香叶树 *Lindera communis* Hemsl. ······ 42
37. 山鸡椒 *Litsea cubeba* (Lour.) Pers. ······ 42
38. 木姜子 *Litsea pungens* Hemsl. ······ 43

（八）菖蒲科 Acoraceae ······ 43

39. 金钱蒲 *Acorus gramineus* Soland. ······ 43

（九）露兜树科 Pandanaceae ······ 44

40. 香露兜 *Pandanus amaryllifolius* Roxb. ······ 44

（十）兰科 Orchidaceae ······ 44

41. 铁皮石斛 *Dendrobium officinale* Kimura et Migo ······ 44
42. 大王香荚兰 *Vanilla imperialis* Kraenzl. ······ 45
43. 香荚兰 *Vanilla planifolia* Andrews ······ 45

（十一）鸢尾科 Iridaceae ······ 46

44. 红葱 *Eleutherine plicata* Herb. ······ 46
45. 香雪兰 *Freesia refracta* Klatt ······ 46
46. 香根鸢尾 *Iris pallida* Lamarck Encycl ······ 47

（十二）石蒜科 Amaryllidaceae ······ 47

47. 洋葱 *Allium cepa* L. ··· 47

48. 藠头 *Allium chinense* G. Don ··· 48

49. 葱 *Allium fistulosum* L. ··· 48

50. 蒜 *Allium sativum* L. ·· 49

51. 韭 *Allium tuberosum* Rottler ex Sprengle ··· 49

（十三）棕榈科 Arecaceae ·· 50

52. 椰子 *Cocos nucifera* L. ·· 50

53. 油棕 *Elaeis guineensis* Jacq. ··· 50

（十四）闭鞘姜科 Costaceae ··· 51

54. 闭鞘姜 *Hellenia speciosa* (J. Koenig) S. R. Dutta ·· 51

（十五）姜科 Zingiberaceae ··· 51

55. 小花山姜 *Alpinia brevis* T. L. Wu et S. J. Chen ··· 51

56. 节鞭山姜 *Alpinia conchigera* Griffith ·· 52

57. 革叶山姜 *Alpinia coriacea* T. L. Wu et S. J. Chen ·· 52

58. 红豆蔻 *Alpinia galanga* (L.) Willd. ·· 53

59. 海南山姜 *Alpinia hainanensis* K. Schumann ·· 53

60. 山姜 *Alpinia japonica* (Thunb.) Miq. ··· 54

61. 假益智 *Alpinia maclurei* Merr. ··· 54

62. 黑果山姜 *Alpinia nigra* (Gaertn.) Burtt ··· 55

63. 华山姜 *Alpinia oblongifolia* Hayata ··· 55

64. 高良姜 *Alpinia officinarum* Hance ··· 56

65. 益智 *Alpinia oxyphylla* Miq. ··· 57

66. 多花山姜 *Alpinia polyantha* D. Fang ·· 58

67. 红山姜 *Alpinia purpurata* (Vieill.) K. Schum. ··· 58

68. 皱叶山姜 *Alpinia rugosa* S. J. Chen & Z. Y. Chen ·· 59

69. 艳山姜 *Alpinia zerumbet* (Pers.) B. L. Burtt & R. M. Sm. ·· 59

70. 花叶艳山姜 *Alpinia zerumbet* 'Variegata' ··· 60

71. 海南假砂仁 *Amomum chinense* Chun ··· 60

72. 爪哇白豆蔻 *Amomum compactum* Solander ex Maton ·· 61

73. 菱味砂仁 *Amomum coriandriodorum* S. Q. Tong & Y. M. Xia ································· 61

74. 泰国白豆蔻 *Amomum kravanh* Pierre ex Gagnep. ··· 62

75. 海南砂仁 *Amomum longiligulare* T. L. Wu ··· 62

76. 长柄豆蔻 *Amomum longipetiolatum* Merr. ·· 63

77. 九翅豆蔻 *Amomum maximum* Roxb. ·· 63

78. 疣果豆蔻 *Amomum muricarpum* Elm. ·· 64

79. 西藏豆蔻 *Amomum tibeticum* (T. L. Wu & S. J. Chen) X. E. Ye, L. Bai & N. H. Xia ········ 64

80. 草果 *Amomum tsaoko* Crevost et Lemarie ··· 65

81. 砂仁 *Amomum villosum* Lour. ······66
82. 缩砂密 *Amomum villosum* var. *xanthioides* (Wall. ex Bak.) T. L. Wu & S. J. Chen ······66
83. 墨脱豆蔻 *Amomum xizangense* L. Fu, Jian-P. Huang & Y. S. Ye ······67
84. 大花凹唇姜 *Boesenbergia maxwellii* Mood, L. M. Prince & Triboun ······68
85. 凹唇姜 *Boesenbergia rotunda* (L.) Mansf. ······68
86. 姜荷花 *Curcuma alismatifolia* Gagnep. ······69
87. 郁金 *Curcuma aromatica* Salisb. ······69
88. 广西莪术 *Curcuma kwangsiensis* S. G. Lee & C. F. Liang ······70
89. 姜黄 *Curcuma longa* L. ······71
90. 莪术 *Curcuma phaeocaulis* Valeton ······72
91. 川郁金 *Curcuma sichuanensis* X. X. Chen ······72
92. 温郁金 *Curcuma wenyujin* Y. H. Chen & C. Ling ······73
93. 单叶拟豆蔻 *Elettariopsis monophylla* (Gagnepain) Loesener ······73
94. 火炬姜 *Etlingera elatior* (Jack) R. M. Sm. ······74
95. 红茴砂 *Etlingera littoralis* (J. Konig) Giseke ······74
96. 红姜花 *Hedychium coccineum* Buch. -Ham. ex Sm. ······75
97. 姜花 *Hedychium coronarium* J. Koenig ······75
98. 黄姜花 *Hedychium flavum* Roxb. ······76
99. 圆瓣姜花 *Hedychium forrestii* Diels ······76
100. 毛姜花 *Hedychium villosum* Wall. ······77
101. 滇姜花 *Hedychium yunnanense* Gagnep. ······77
102. 紫花山奈 *Kaempferia elegans* Wall. ······78
103. 山奈 *Kaempferia galanga* L. ······78
104. 大叶山奈 *Kaempferia galanga* var. *latifolia* Donn ex Gagnep. ······79
105. 小花山奈 *Kaempferia parviflora* Wall. ex Baker ······79
106. 海南三七 *Kaempferia rotunda* L. ······80
107. 土田七 *Stahlianthus involucratus* (King ex Bak.) Craib ex Loesener ······81
108. 珊瑚姜 *Zingiber corallinum* Hance ······81
109. 蘘荷 *Zingiber mioga* (Thunb.) Rosc. ······82
110. 光果姜 *Zingiber nudicarpum* D. Fang ······82
111. 姜 *Zingiber officinale* Roscoe ······83
112. 蜂巢姜 *Zingiber spectabile* Griff. ······84
113. 阳荷 *Zingiber striolatum* Diels ······84
114. 红球姜 *Zingiber zerumbet* (L.) Roscose ex Smith ······85

(十六) 莎草科 Cyperaceae ······85

115. 香附子 *Cyperus rotundus* L. ······85

(十七) 禾本科 Poaceae ······86

- 116. 柠檬草 *Cymbopogon citratus* (D. C.) Stapf ··· 86
- 117. 青香茅 *Cymbopogon mekongensis* A. Camus ··· 86
- 118. 扭鞘香茅 *Cymbopogon tortilis* (J. Presl) A. Camus ··· 87
- 119. 枫茅 *Cymbopogon winterianus* Jowitt ··· 87

（十八）豆科 Fabaceae ··· 88
- 120. 大叶相思 *Acacia auriculiformis* A. Cunn. ex Benth ··· 88
- 121. 台湾相思 *Acacia confusa* Merr. ··· 89
- 122. 香合欢 *Albizia odoratissima* (L. f.) Benth. ··· 89
- 123. 蝶豆 *Clitoria ternatea* L. ··· 90
- 124. 两粤黄檀 *Dalbergia benthamii* Prain ··· 90
- 125. 海南黄檀 *Dalbergia hainanensis* Merr. et Chun ··· 91
- 126. 降香 *Dalbergia odorifera* T. Chen ··· 91
- 127. 斜叶黄檀 *Dalbergia pinnata* (Lour.) Prain ··· 92
- 128. 吐鲁胶 *Myroxylon balsamum* (L.) Harms ··· 92
- 129. 紫檀 *Peterocarpus indicus* Willd ··· 93
- 130. 臭菜藤 *Senegalia pennata* (L.) Maslin ··· 93
- 131. 酸豆 *Tamarindus indica* L. ··· 94
- 132. 金合欢 *Vachellia farnesiana* (L.) Wight & Arnott ··· 95

（十九）蔷薇科 Rosaceae ··· 95
- 133. 月季花 *Rosa chinensis* Jacq. ··· 95
- 134. 玫瑰 *Rosa rugosa* Thunb. ··· 96

（二十）桑科 Moraceae ··· 96
- 135. 粗叶榕 *Ficus hirta* Vahl ··· 96

（二十一）壳斗科 Fagaceae ··· 97
- 136. 木姜叶柯 *Lithocarpus litseifolius* (Hance) Chun ··· 97
- 137. 多穗柯 *Lithocarpus polystachyus* Rehder ··· 97

（二十二）葫芦科 Cucurbitaceae ··· 98
- 138. 绞股蓝 *Gynostemma pentaphyllum* (Thunb.) Makino ··· 98

（二十三）秋海棠科 Begoniaceae ··· 98
- 139. 紫背天葵 *Begonia fimbristipula* Hance ··· 98

（二十四）大戟科 Euphorbiaceae ··· 99
- 140. 山苦茶 *Mallotus peltatus* (Geiseler) Müll. Arg. ··· 99

（二十五）牻牛儿苗科 Geraniaceae ··· 99
- 141. 香叶天竺葵 *Pelargonium graveolens* L' Hér. ··· 99

（二十六）千屈菜科 Lythraceae ··· 100
- 142. 散沫花 *Lawsonia inermis* L. ··· 100

（二十七）桃金娘科 Myrtaceae ··· 100

143. 柠檬香桃叶 *Backhousia citriodora* F. Muell.	100
144. 岗松 *Baeckea frutescens* L.	101
145. 美花红千层 *Callistemon citrinus* (Curtis) Skeels	101
146. 垂枝红千层 *Callistemon viminalis* (Soland.) Cheel.	102
147. 柠檬桉 *Eucalyptus citriodora* Hook.	102
148. 桉树 *Eucalyptus robusta* Smith	103
149. 互叶白千层 *Melaleuca alternifolia* Cheel	103
150. 黄金串钱柳 *Melaleuca bracteata* F. Muell.	104
151. 白千层 *Melaleuca cajuputi* subsp. *cumingiana* (Turczaninow) Barlow	105
152. 狭叶白千层 *Melaleuca linariifolia* Smith	105
153. 众香 *Pimenta racemosa* (Mill) J. W. Moore	106
154. 丁香蒲桃 *Syzygium aromaticum* (L.) Merr. & L. M. Perry	107
155. 大叶丁香蒲桃 *Syzygium caryophyllatum* Alston	108

（二十八）漆树科 Anacardiaceae ··· 109

156. 清香木 *Pistacia weinmanniifolia* J. Poisson ex Franchet	109
157. 巴西肖乳香 *Schinus terebinthifolia* Raddi	110
158. 食用槟榔青 *Spondias dulcis* G. Forst.	111
159. 槟榔青 *Spondias pinnata* (L. F.) Kurz	111

（二十九）芸香科 Rutaceae ··· 112

160. 山油柑 *Acronychia pedunculata* (L.) Miq.	112
161. 酒饼簕 *Atalantia buxifolia* (Poir.) Oliv.	112
162. 手指柠檬 *Citrus australasica* F. Muell.	113
163. 金柑 *Citrus japonica* Thunb.	114
164. 柠檬 *Citrus × limon* (L.) Osbeck	115
165. 香水柠檬 *Citrus × limon* 'Rosso'	116
166. 柚 *Citrus maxima* (Burm.) Merr.	117
167. 佛手 *Citrus medica* 'Fingered'	117
168. 香橼 *Citrus medica* L.	118
169. 四季橘 *Citrus × microcarpa* Bunge	119
170. 小黄皮 *Clausena emarginata* C. C Huang	120
171. 假黄皮 *Clausena excavata* Burm. f.	120
172. 黄皮 *Clausena lansium* (Lour.) Skeels	121
173. 光滑黄皮 *Clausena lenis* Drake	121
174. 光叶山小橘 *Glycosmis craibii* var. *glabra* (Craib) Tanaka	122
175. 山小橘 *Glycosmis pentaphylla* (Retz.) Correa	122
176. 三叶藤橘 *Luvunga scandens* (Roxb.) Buch.-Ham. ex Wight et Arn. Prodr.	123
177. 贡甲 *Maclurodendron oligophlebium* (Merrill) T. G. Hartley	123

178. 三桠苦 *Melicope pteleifolia* (Champion ex Bentham) T. G. Hartley······124
179. 小芸木 *Micromelum integerrimum* (Buch.-Ham.) Roem.······124
180. 翼叶九里香 *Murraya alata* Drake······125
181. 九里香 *Murraya exotica* L.······125
182. 调料九里香 *Murraya koenigii* (L.) Spreng.······126
183. 小叶九里香 *Murraya microphylla* (Merr. et Chun) Swingle······126
184. 单叶藤橘 *Paramignya confertifolia* Swing.······127
185. 楝叶吴茱萸 *Tetradium glabrifolium* (Champion ex Bentham) T. G. Hartley······127
186. 飞龙掌血 *Toddalia asiatica* (L.) Lam.······128
187. 锦橘果 *Triphasia trifolia* (Burm. f.) P. Wilson······129
188. 刺花椒 *Zanthoxylum acanthopodium* DC.······130
189. 竹叶花椒 *Zanthoxylum armatum* DC.······131
190. 簕欓花椒 *Zanthoxylum avicennae* (Lam.) DC.······132
191. 琉球花椒 *Zanthoxylum beecheyanum* K. Koch······132
192. 花椒 *Zanthoxylum bungeanum* Maxim.······133
193. 异叶花椒 *Zanthoxylum dimorphophyllum* Hemsl.······134
194. 墨脱花椒 *Zanthoxylum motuoense* Huang······134
195. 两面针 *Zanthoxylum nitidum* (Roxb.) DC.······135
196. 青花椒 *Zanthoxylum schinifolium* Sieb. et Zucc.······136

（三十）楝科 Meliaceae······136
197. 米仔兰 *Aglaia odorata* Lour.······136
198. 香椿 *Toona sinensis* (A. Juss.) Roem.······137

（三十一）锦葵科 Malvaceae······137
199. 黄葵 *Abelmoschus moschatus* Medicus······137
200. 玫瑰茄 *Hibiscus sabdariffa* L.······138
201. 二色可可 *Theobroma bicolor* Bonpl.······139
202. 可可 *Theobroma cacao* L.······140
203. 大花可可 *Theobroma grandiflorum* (Willd. ex Spreng.) K.Schum.······141

（三十二）瑞香科 Thymelaeaceae······142
204. 土沉香 *Aquilaria sinensis* (Lour.) Spreng.······142

（三十三）龙脑香科 Dipterocarpaceae······143
205. 坡垒 *Hopea hainanensis* Merr. & Chun······143
206. 青梅 *Vatica mangachapoi* Blanco······143

（三十四）檀香科 Santalaceae······144
207. 檀香 *Santalum album* L.······144

（三十五）蓼科 Polygonaceae······144
208. 水蓼 *Persicaria hydropiper* (L.) Spach······144

- 209. 香辣蓼 *Persicaria odorata* (Lour.) Soják ⋯⋯ 145
- 210. 香蓼 *Persicaria viscosa* (Buch.-Ham. ex D. Don) H. Gross ex Nakai ⋯⋯ 145

（三十六）报春花科 Primulaceae ⋯⋯ 146
- 211. 灵香草 *Lysimachia foenum-graecum* Hance ⋯⋯ 146

（三十七）山茶科 Theaceae ⋯⋯ 147
- 212. 茶 *Camellia sinensis* (L.) O. Ktze. ⋯⋯ 147
- 213. 普洱茶 *Camellia sinensis* var. *assamica* (J. W. Masters) Kitamura ⋯⋯ 148
- 214. 白毛茶 *Camellia sinensis* var. *pubilimba* Chang ⋯⋯ 148

（三十八）茜草科 Rubiaceae ⋯⋯ 149
- 215. 小粒咖啡 *Coffea arabica* L. ⋯⋯ 149
- 216. 中粒咖啡 *Coffea canephora* Pierre ex Froehn. ⋯⋯ 149
- 217. 大粒咖啡 *Coffea liberica* Bull ex Hiern ⋯⋯ 150
- 218. 总序咖啡 *Coffea racemosa* Lour. ⋯⋯ 151
- 219. 栀子 *Gardenia jasminoides* Ellis ⋯⋯ 151
- 220. 海滨木巴戟 *Morinda citrifolia* L. ⋯⋯ 152
- 221. 白花蛇舌草 *Scleromitrion diffusum* (Willd.) R. J. Wang ⋯⋯ 152

（三十九）夹竹桃科 Apocynaceae ⋯⋯ 153
- 222. 南山藤 *Dregea volubilis* (L. f.) Benth. ex Hook. f. ⋯⋯ 153
- 223. 夜来香 *Telosma cordata* (Burm. f.) Merr. ⋯⋯ 153
- 224. 卧茎夜来香 *Telosma procumbens* (Blanco) Merr. ⋯⋯ 154

（四十）茄科 Solanaceae ⋯⋯ 154
- 225. 辣椒 *Capsicum annuum* L. ⋯⋯ 154
- 226. 朝天椒 *Capsicum annuum* var. *conoides* (Mill.) Irish ⋯⋯ 155
- 227. 中华辣椒 *Capsicum chinense* Jacq. ⋯⋯ 155
- 228. 夜香树 *Cestrum nocturnum* L. ⋯⋯ 156
- 229. 烟草 *Nicotiana tabacum* L. ⋯⋯ 156

（四十一）木樨科 Oleaceae ⋯⋯ 157
- 230. 多花素馨 *Jasminum polyanthum* Franchet ⋯⋯ 157
- 231. 茉莉花 *Jasminum sambac* (L.) Aiton ⋯⋯ 157
- 232. 桂花 *Osmanthus fragrans* (Thunb.) Loureiro ⋯⋯ 158

（四十二）车前科 Plantaginaceae ⋯⋯ 159
- 233. 大叶石龙尾 *Limnophila rugosa* (Roth) Merr. ⋯⋯ 159

（四十三）芝麻科 Pedaliaceae ⋯⋯ 159
- 234. 芝麻 *Sesamum indicum* L. ⋯⋯ 159

（四十四）爵床科 Acanthaceae ⋯⋯ 160
- 235. 鳄嘴花 *Clinacanthus nutans* (Burm. f.) Lindau ⋯⋯ 160

（四十五）唇形科 Lamiaceae ⋯⋯ 160

236. 藿香 *Agastache rugosa* (Fisch. & C. A. Mey.) Kuntze ·············· 160
237. 到手香 *Coleus amboinicus* Lour. ·············· 161
238. 排香草 *Coleus strobilifer* (Roxb.) A. J. Paton ·············· 161
239. 野草香 *Elsholtzia cyprianii* (Pavolini) S. Chow ex P. S. Hsu ·············· 162
240. 水香薷 *Elsholtzia kachinensis* Prain ·············· 162
241. 香茶菜 *Isodon amethystoides* (Bentham) H. Hara ·············· 163
242. 香蜂花 *Melissa officinalis* L. ·············· 163
243. 薄荷 *Mentha canadensis* L. ·············· 164
244. 皱叶留兰香 *Mentha crispata* Schrader ex Willd. ·············· 164
245. 辣薄荷 *Mentha × piperita* L. ·············· 165
246. 留兰香 *Mentha spicata* L. ·············· 165
247. 山香 *Mesosphaerum suaveolens* (L.) Kuntze ·············· 166
248. 姜味草 *Micromeria biflora* (Buch.-Ham. ex D. Don) Benth. ·············· 166
249. 罗勒 *Ocimum basilicum* L. ·············· 167
250. 疏柔毛罗勒 *Ocimum basilicum* var. *pilosum* (Willd.) Benth. ·············· 168
251. 丁香罗勒 *Ocimum gratissimum* L. ·············· 168
252. 毛叶丁香罗勒 *Ocimum gratissimum* var. *suave* (Willd.) Hook. f. ·············· 169
253. 圣罗勒 *Ocimum tenuiflorum* Burm. f. ·············· 169
254. 甘牛至 *Origanum majorana* L. ·············· 170
255. 牛至 *Origanum vulgare* L. ·············· 170
256. 肾茶 *Orthosiphon aristatus* (Blume) Miq. ·············· 171
257. 紫苏 *Perilla frutescens* (L.) Britt. ·············· 171
258. 野生紫苏 *Perilla frutescens* var. *purpurascens* (Hayata) H. W. Li ·············· 172
259. 凉粉草 *Platostoma palustre* (Blume) A. J. Paton ·············· 172
260. 碰碰香 *Plectranthus* 'Cervezán Line' ·············· 173
261. 广藿香 *Pogostemon cablin* (Blanco) Benth. ·············· 173
262. 豆腐柴 *Premna microphylla* Turcz. ·············· 174
263. 迷迭香 *Rosmarinus officinalis* L. ·············· 174
264. 海南黄芩 *Scutellaria hainanensis* C. Y. Wu ·············· 175
265. 爪哇黄芩 *Scutellaria javanica* Jungh. ·············· 175
266. 血见愁 *Teucrium viscidum* Bl. ·············· 176
267. 黄荆 *Vitex negundo* L. ·············· 176

（四十六）冬青科 Aquifoliaceae ·············· 177

268. 冬青 *Ilex chinensis* Sims ·············· 177
269. 扣树 *Ilex kaushue* S. Y. Hu ·············· 177
270. 大叶冬青 *Ilex latifolia* Thunb. ·············· 178
271. 铁冬青 *Ilex rotunda* Thunb. ·············· 179

（四十七）菊科 Asteraceae ... 180

- 272. 黄花蒿 *Artemisia annua* L. ... 180
- 273. 青蒿 *Artemisia caruifolia* Buch.-Ham. ex Roxb. ... 180
- 274. 牡蒿 *Artemisia japonica* Thunb. ... 181
- 275. 五月艾 *Artemisia indica* Willd. ... 181
- 276. 柔毛艾纳香 *Blumea axillaris* (Lamarck) Candolle ... 182
- 277. 艾纳香 *Blumea balsamifera* (L.) DC. ... 182
- 278. 芜菁叶艾纳香 *Blumea napifolia* DC. ... 183
- 279. 野菊 *Chrysanthemum indicum* L. ... 183
- 280. 菊花 *Chrysanthemum* × *morifolium* (Ramat.) Hemsl. ... 184
- 281. 小蓬草 *Erigeron canadensis* L. ... 184
- 282. 香丝草 *Erigeron bonariensis* L. ... 185
- 283. 佩兰 *Eupatorium fortunei* Turcz. ... 185
- 284. 六棱菊 *Laggera alata* (D. Don) Sch.-Bip. ex Oliv. ... 186
- 285. 阔苞菊 *Pluchea indica* (L.) Less. ... 186
- 286. 香蝶菊 *Porophyllum ruderale* (Jacq.) Cass. ... 187
- 287. 宽叶鼠曲草 *Pseudognaphalium adnatum* (Candolle) Y. S. Chen ... 188
- 288. 鼠曲草 *Pseudognaphalium affine* (D. Don) Anderberg ... 188
- 289. 甜叶菊 *Stevia rebaudiana* (Bertoni) Bertoni ... 189
- 290. 万寿菊 *Tagetes erecta* L. ... 189
- 291. 芳香万寿菊 *Tagetes lemmonii* A. Gray ... 190

（四十八）忍冬科 Caprifoliaceae ... 190

- 292. 忍冬 *Lonicera japonica* Thunb. ... 190

（四十九）五加科 Araliaceae ... 191

- 293. 刺五加 *Eleutherococcus senticosus* (Ruprecht & Maximowicz) Maximowicz ... 191

（五十）伞形科 Apiaceae ... 191

- 294. 积雪草 *Centella asiatica* (L.) Urban ... 191
- 295. 芫荽 *Coriandrum sativum* L. ... 192
- 296. 刺芹 *Eryngium foetidum* L. ... 192
- 297. 茴香 *Foeniculum vulgare* Mill. ... 193
- 298. 水芹 *Oenanthe javanica* (Bl.) DC ... 193

参考文献 ... 194
中文名称索引 ... 196
拉丁学名索引 ... 197

一、热带香料饮料植物概述

（一）香料饮料植物的资源概况

热带香料饮料植物，作为生长在热带地区的独特瑰宝，不仅以其浓郁芬芳和独特风味闻名于世，更是香精、调味品及饮料的重要原料，兼具珍贵的药用价值。

我国热区的香料饮料植物资源极其丰富，其利用历史可追溯至数千年前。从先秦时期到明清时期，香料饮料植物在中国的文化、宗教、医药、贸易中扮演着举足轻重的角色，李时珍在《本草纲目》中详细记载了这些珍贵植物的奥秘。近代以来，随着咖啡、香荚兰、可可等热带香料饮料植物在全球范围内的流行与推广，其经济价值、文化内涵、工业应用也愈发受到各行各业的重视和关注。对其种质资源的研究和探讨，一直是学界的热门话题。

海南，这片被誉为"香料王国"的热带宝岛，它的魅力不仅在于那蔚蓝的大海与金黄的沙滩，更在于那隐藏于茂密丛林中的香料宝藏，在得天独厚的地理环境和气候条件中，孕育了丰富多样的香料饮料植物资源。据不完全统计，海南拥有香料植物64科329种（野生物种191种，栽培物种138种）和饮料植物43科77种，培育出胡椒、咖啡、沉香、益智、香露兜（斑兰叶）等独具特色的作物产业。其中，胡椒种植面积约33万亩、总产量4万吨，占全国90%以上，原料产值近30亿元，涉及100多万农民生计，使我国成为世界第五大胡椒生产国。此外，咖啡、可可、斑兰叶等特色饮料作物，是热带边境地区和少数民族地区农民增收致富的支柱产业。这些作物不仅具有经济产值总量大、区域性强等鲜明的产业特色，更形成了如"兴隆胡椒""兴隆咖啡"和"白沙绿茶"等享誉海内外的特色农产品品牌，海南丰富的香料饮料资源成为海南岛休闲体验旅游的一大亮点，对丰富热带特色高效农业的发展内涵，推动中国（海南）自由贸易试验区（港）建设具有重要意义。

然而，在经济社会快速发展的今天，许多热带地区的本土香料饮料植物资源仍亟待开发或面临消失风险。海南深厚的民族文化积淀成就了当地少数民族丰富的香料饮料植物资源利用文化，这些天然香料饮料植物大多具有医疗保健功效。如海南本土习惯用作熏香的沉香，不仅风味独特，而且具有行气止痛、温中止呕、纳气平喘等多种功效；海南特色地方茶——鹧鸪茶，富含茶多糖、茶多酚、没食子酸和多酚类等多种有效成分，被当地人作为解油腻、助消化、清热消暑和止渴生津的"老爸茶"。尽管海南拥有深厚的民族文化积淀和丰富的植物利用知识，但由于历史、地理和文化等多方面因素的影响，这些植物的利用知识往往只能通过口口相传的方式传承，面临流失的风险。同时，过去对当地环境资源的过度开发导致了一些珍贵植物资源的生境受到侵害，种群稳定繁殖也受到影响。目前，在我国热区仍有许多野生香料饮料植物资源尚未被发掘，如近期中国热带农业科学院香料饮料研究所在海南发现的"盾叶胡椒""尖峰岭胡椒"，在云南发现的"普洱胡椒"，以及在西藏墨脱发现的"墨脱胡椒"等特色香料资源新物种，亟待抢救性保护。

作为中国热带作物研究领域的先驱者，中国热带农业科学院于1957年选定兴隆热带植物园作为收集保存国内外热带亚热带作物（植物）种质资源的重要基地，并以此为基础建立了国家农业种质资源库（圃）。现科研人员通过对国内外热带地区香料饮料植物资源进行广泛而深入的科学考察，收集了大量香料饮料植物资源，整理出兴隆热带植物园香料饮料植物共51科144属310种，其中，香料植物42科122属274种，饮料植物26科37属55种，既能作香料植物也能作饮料植物的13科14属19种（表1）。包括姜科60种，芸香科38种，唇形科33种，菊科20种，樟科16种，桃金娘科15种，胡椒科14种，豆科14种，茜草科8种，禾本科7种，石蒜科5种，锦葵科5种，茄科5种，伞形科5种等；这为我国香料饮料产业可持续发展提供了丰富的物质基础，为开发、园林风景建设、香精油提取、高产和抗病等优质新品种选育提供了重要的物种资源库。

（二）香料饮料植物的类别

不同香料饮料植物的利用部位是不同的，有的植物可直接利用叶作为香料饮料，或者叶中含有精油可供提取精油、浸膏等香制品，有的植物根、茎、叶、果都可作为香料饮料利用；有的种类香存在叶、花和种子中，有的种类香含在树脂或根中，有的种类香只含在花中。为了更好地掌握和了解各种香料饮料植物的主要利用部位，我们将收集保存的310种香料饮料植物根据其可利用部位分为叶用香料饮料植物、花用香料饮料植物、果实用香料饮料植物、种子用香料饮料植物、根用香料饮料植物、茎用香料饮料植物、树皮用香料饮料植物、树脂用香料饮料植物、全株用香料饮料植物等9类。

（1）叶用香料饮料植物

可直接利用叶、嫩芽或嫩叶作为香料饮料，或者叶中含有精油可供提取精油、浸膏等香制品的植物。如香露兜、山苦茶、糯米香等共104种植物，隶属25科56属，其中芸香科植物为多，其他有樟科、桃金娘科、菊科等植物。

叶用香料饮料植物——香露兜

（2）花用香料饮料植物

可直接利用花或花梗作为香料饮料，或者花中含有精油可供提取精油、浸膏等香制品的植物。如依兰、丁香蒲桃、茉莉花、白兰等共60种植物，隶属22科41属，其中芸香科植物为多，其他有姜科、番荔枝科等植物。

花用香料饮料植物——依兰

（3）果实用香料饮料植物

可直接利用果实或果皮作为香料饮料，或者果实中含有精油可供提取精油、浸膏等香制品的植物。如香荚兰、胡椒、花椒、栀子、酸豆等共85种植物，隶属13科31属，其中芸香科植物为多，其他有姜科、胡椒科、茜草科等植物。

果实用香料饮料植物——香荚兰

（4）种子用香料饮料植物

可直接利用种子或假种皮作为香料饮料，或者种子中含有精油可供提取精油、浸膏等香制品的植物。如肉豆蔻、咖啡属、可可属等共15种植物，隶属7科8属，其中茜草科植物为多，其次锦葵科植物。

种子用香料饮料植物——肉豆蔻

（5）根用香料饮料植物

可直接利用植物的根部作为香料饮料，或者根部中含有精油可供提取精油、浸膏等香制品的植物。如麻根、香根草、粗叶榕、香根鸢尾等共10种植物，隶属4科5属，其中樟科植物为多。

根用香料饮料植物——山鸡椒

（6）茎用香料饮料植物

可直接利用植物的茎干、鳞茎或根状茎作为香料饮料，或者茎中含有精油可供提取精油、浸膏等香制品的植物。如红葱、山奈、姜、降香等共60种植物，隶属14科24属，其中姜科为多，其他有豆科、樟科等植物。

茎用香料饮料植物——红葱

（7）树皮用香料饮料植物

可直接利用植物的树皮作为香料饮料，或者树皮中含有精油可供提取精油、浸膏等香制品的植物。如肉桂、锡兰肉桂等共14种植物，隶属3科4属，其中樟科植物为多，其次芸香科植物。

树皮用香料饮料植物——肉桂

（8）树脂用香料饮料植物

可直接利用树脂作为香料饮料的植物，但我们收集的具有香脂的植物都是作为香料用。如吐鲁胶、紫檀、土沉香、坡垒、青梅、巴西肖乳香共6种植物，隶属4科6属。

树脂用香料饮料植物——巴西肖乳香

（9）全株用香料饮料植物

可直接利用植物的整株作为香料饮料，或者植物整株中含有精油可供提取精油、浸膏等香制品的植物。如柠檬草、罗勒、香辣蓼、薄荷等62种植物，隶属14科35属，其中唇形科植物为多，其他有菊科、禾本科等植物。

全株用香料饮料植物——柠檬草

(三) 香料饮料植物在园林建设中的意义

在现代园林建设中，人们大多数只注重于植物的形态和色彩，对植物给予的味觉、嗅觉这一特征有所忽略。香料饮料植物是一类能通过其叶、花、果、茎干、树皮、树脂等部位散发香气的草本或木本植物，这类植物常常被用作香料、香薰、饮料或用来提取精油、浸膏等香制品，并且有些香料饮料植物富含药用价值。如八角的果为著名的调味香料，也供药用，有祛风理气、和胃调中的功能。香荚兰的果荚加工后具有特殊的香气，常被添加到甜品、饮料、冰淇淋或巧克力中，除此之外有研究发现香荚兰的提取物对抗癌、抗辐射、抗诱变等有一定的作用。

香料饮料植物在园林建设中被广泛应用，这些植物不仅能让人们在视觉上享受愉悦，还能对人们的身体健康产生积极的影响。大量的研究表明，植物的香气，对改善人的生理、心理反应具有积极影响，在情绪、精神调节等方面有着独特作用。因此，香料饮料植物应用于园林中能够更好地满足人们对康养功能的需求。越来越多的园林工作者注意到这一点，并开始设计香料园、芳香植物园、饮料功能园等。因此，收集、保存和利用好香料饮料植物并在园林设计中应用是大势所趋，有利于更好地使用香料饮料植物，发挥它们特有的功能。

作为植物园旅游环境设计者，我们更应该注重香料饮料植物在景观空间中的应用，植物散发出的味道会使空间氛围产生变化，也会使空间参与者和活动者产生生理和心理方面的变化。人类对气味的感知是很敏锐的，能十分灵敏地分辨出各种不同的香气。兴隆热带植物园结合实际，以香料饮料植物资源为核心，在园区游览线路上应用香料饮料植物造景，如在景观环境中种植一些香露兜、糯米香、黄金串钱柳、山苦茶、依兰、白兰等植物，使人们的心情变得愉快。植物间作可利用不同植物的形态、颜色、味道等特点，创造出美丽的景观效果，提升美感和观赏价值，同时也提供生态功能，如糯米香 - 可可间种，糯米香散发出好闻的香气愉悦了游客的嗅觉，而可可果赤橙黄绿交织地挂在树干上，震撼了游客的视觉，这两者独特组合激活了游客的感官体验，游客与植物园的环境产生了互动，有益于获得良好的体验感。

黄金串钱柳造景　　　　　　　　　　　　白兰造景

糯米香-可可间种模式造景　　　　　　　苦丁茶-糯米香间种模式造景

香料饮料植物资源的收集与景观带建设提高了兴隆热带植物园植物种类的丰富度及多样性，改善了园貌，有助于开辟新的植物景观，为植物科普展示奠定了基础，也为香料饮料植物资源在园林景观中的应用提供了借鉴。

（四）香料饮料植物的保护

我国热带香料饮料植物资源分布零散，加上长期以来对现有热带香料饮料种质资源的收集保存力度不够，未能有效集中保存，使得许多热带香料饮料种质资源正面临不断消失的危险。而城市建设的发展和山区开发的利用等带来的污染和生态环境的破坏，也加剧了香料饮料植物资源的灭绝速度，特别是野生资源受到了更大威胁。国家热带香料饮料作物种质资源圃（万宁）由中国热带农业科学院香料饮料研究所承建（兴隆热带植物园），于2008年批复建设，2022年入选第一批国家农业种质资源库（圃），是我国热带香料饮料作物种质资源遗传多样性最丰富的综合圃。资源圃的建立有利于收集保存丰富的热带香料饮料植物资源，尤其是野生物种和濒危稀有物种，保护和合理利用种质资源及其遗传多样性。目前已收集保存胡椒、八角、肉桂、花椒、咖啡、可可、香荚兰、香露兜、普洱茶等热带香料饮料植物资源310种，并选育出咖啡、胡椒、可可、香荚兰新品种，促进相关产业"从无到有""从零星种植到规模化栽培""从引进来到走出去"的跨越式发展。

香料饮料资源的保存及评价是品种选育的重要基础。香料饮料资源除了给予人类食用、饮用和观赏价值外，在生产上可以用作选育品种的砧木，在分子育种上可以研究香料饮料资源的遗传多样性和遗传演化，从而鉴定评价出优异的种质。我们从国外引种的香料饮料植物，如依兰香、可可、咖啡、香荚兰等，它们已在我国热带地区安家落户，并成了主要香料饮料产品。我们对本土野生香料饮料植物资源的开发利用方面也取得了显著成效，在野生饮料植物资源的营养成分、加工利用、生态生物学习性、野生变家种、人工栽培基地建设等方面开展了大量的研究工作，使野生资源得到了利用，如鹧鸪茶、苦丁茶、猫须草和鳄嘴花等代用茶是这方面成功的典型，也成为了热带地区特有的产品。

表1 热带香料饮料植物资源名录

序号	科名	属名	中文名	拉丁学名	性状	栽培资源	用途	利用部位
1	五味子科 Schisandraceae	八角属 Illicium	八角	Illicium verum Hook. f.	乔木	栽培	香料植物	果实
2	三白草科 Saururaceae	蕺菜属 Houttuynia	蕺菜	Houttuynia cordata Thunb.	草本		香料植物	全株
3	胡椒科 Piperaceae	胡椒属 Piper	长耳树胡椒	Piper auritum Kunth	灌木或小乔木	栽培	香料植物	叶
4	胡椒科 Piperaceae	胡椒属 Piper	蒌叶	Piper betle L.	攀缘藤本		香料植物	叶
5	胡椒科 Piperaceae	胡椒属 Piper	黄花胡椒	Piper flaviflorum C. DC.	攀缘藤本		香料植物	果实
6	胡椒科 Piperaceae	胡椒属 Piper	大叶蒟	Piper laetispicum C. DC.	木质攀缘藤本		香料植物	果实
7	胡椒科 Piperaceae	胡椒属 Piper	麻根	Piper magen B. Q. Cheng ex C. L. Long & Jun Yang	攀缘藤本		香料植物	叶、根
8	胡椒科 Piperaceae	胡椒属 Piper	醉椒木	Piper methysticum G.Forst.	灌木	栽培	饮料植物	叶、根
9	胡椒科 Piperaceae	胡椒属 Piper	胡椒	Piper nigrum L.	木质攀缘藤本	栽培	香料植物	果实、种子
10	胡椒科 Piperaceae	胡椒属 Piper	裸果胡椒	Piper nudibaccatum Tseng	攀缘藤本		香料植物	叶、果实
11	胡椒科 Piperaceae	胡椒属 Piper	角果胡椒	Piper pedicellatum C. DC.	小灌木		香料植物	叶、根
12	胡椒科 Piperaceae	胡椒属 Piper	桐叶胡椒	Piper peltatum L.	草本	栽培	香料植物	叶、果实
13	胡椒科 Piperaceae	胡椒属 Piper	荜拔	Piper longum L.	攀缘藤本	栽培	香料植物	果实
14	胡椒科 Piperaceae	胡椒属 Piper	假蒟	Piper sarmentosum Roxb.	草本		香料植物	叶
15	胡椒科 Piperaceae	胡椒属 Piper	缘毛胡椒	Piper semiimmersum C. DC.	攀缘藤本		香料植物	果实
16	胡椒科 Piperaceae	胡椒属 Piper	小叶爬崖香	Piper sintenense Hatusima	藤本		香料植物	全株
17	肉豆蔻科 Myristicaceae	肉豆蔻属 Myristica	肉豆蔻	Myristica fragrans Houtt.	小乔木	栽培	香料植物	假种皮、种子
18	肉豆蔻科 Myristicaceae	肉豆蔻属 Myristica	云南肉豆蔻	Myristica yunnanensis Y. H. Li	乔木	栽培	香料植物	假种皮、种子
19	木兰科 Magnoliaceae	含笑属 Michelia	白兰	Michelia × alba DC.	乔木	栽培	香料/饮料植物	叶、花
20	木兰科 Magnoliaceae	含笑属 Michelia	黄兰含笑	Michelia champaca L.	乔木	栽培	香料/饮料植物	叶、花
21	番荔枝科 Annonaceae	鹰爪花属 Artabotrys	鹰爪花	Artabotrys hexapetalus (L. f.) Bhandari	攀缘灌木		香料植物	花
22	番荔枝科 Annonaceae	依兰属 Cananga	依兰	Cananga odorata (Lamk.) Hook. f. et Thoms.	乔木	栽培	香料植物	花
23	番荔枝科 Annonaceae	依兰属 Cananga	小依兰	Cananga odorata var. fruticosa (Craib) Sincl.	灌木	栽培	香料植物	花
24	番荔枝科 Annonaceae	假鹰爪属 Desmos	假鹰爪	Desmos chinensis Lour.	攀缘灌木		香料植物	花

(续表)

序号	科名	属名	中文名	拉丁学名	性状	栽培资源	用途	利用部位
25	樟科 Lauraceae	樟属 Cinnamomum	华南桂	Cinnamomum austrosinense H. T. Chang	乔木	栽培	香料植物	枝、叶、花梗、果实、树皮
26	樟科 Lauraceae	樟属 Cinnamomum	钝叶桂	Cinnamomum bejolghota (Buch.-Ham.) Sweet	乔木		香料植物	叶、根、树皮
27	樟科 Lauraceae	樟属 Cinnamomum	阴香	Cinnamomum burmanni (Nees & T. Nees) Blume	乔木	栽培	香料植物	叶、根、树皮
28	樟科 Lauraceae	樟属 Cinnamomum	樟树	Cinnamomum camphora (L.) Presl	乔木	栽培	香料植物	枝、叶、茎、根
29	樟科 Lauraceae	樟属 Cinnamomum	肉桂	Cinnamomum cassia (L.) D. Don	乔木	栽培	香料植物	枝、叶、花、花梗、果实、树皮
30	樟科 Lauraceae	樟属 Cinnamomum	云南樟	Cinnamomum glanduliferum (Wall.) Nees	乔木		香料植物	枝、叶
31	樟科 Lauraceae	樟属 Cinnamomum	爪哇肉桂	Cinnamomum javanicum Bl.	乔木	栽培	香料植物	枝、叶、树皮
32	樟科 Lauraceae	樟属 Cinnamomum	兰屿肉桂	Cinnamomum kotoense Kanehira et Sasaki	乔木	栽培	香料植物	枝、叶、树皮
33	樟科 Lauraceae	樟属 Camphora	黄樟	Camphora parthenoxylon (Jack) Nees	乔木		香料植物	枝、叶、根、树皮、茎
34	樟科 Lauraceae	樟属 Cinnamomum	少花桂	Cinnamomum pauciflorum Chun ex Hung T. Chang	乔木		香料植物	枝、叶、树皮
35	樟科 Lauraceae	樟属 Cinnamomum	香桂	Cinnamomum subavenium Miq.	乔木		香料植物	叶、树皮
36	樟科 Lauraceae	樟属 Cinnamomum	粗脉桂	Cinnamomum validinerve Hance	乔木		香料植物	叶、树皮
37	樟科 Lauraceae	樟属 Cinnamomum	锡兰肉桂	Cinnamomum verum J. Presl	小乔木	栽培	香料植物	枝、叶、树皮
38	樟科 Lauraceae	山胡椒属 Lindera	香叶树	Lindera communis Hemsl.	常绿灌木或小乔木		香料植物	叶
39	樟科 Lauraceae	木姜子属 Litsea	山鸡椒	Litsea cubeba (Lour.) Pers.	灌木或小乔木		香料植物	叶、果实、茎
40	樟科 Lauraceae	木姜子属 Litsea	木姜子	Litsea pungens Hemsl.	小乔木		香料植物	果实
41	菖蒲科 Acoraceae	菖蒲属 Acorus	金钱蒲	Acorus gramineus Soland.	草本		香料植物	叶
42	露兜树科 Pandanaceae	露兜树属 Pandanus	香露兜	Pandanus amaryllifolius Roxb.	草本	栽培	香料/饮料植物	叶
43	兰科 Orchidaceae	石斛属 Dendrobium	铁皮石斛	Dendrobium officinale Kimura et Migo	草本	栽培	饮料植物	全株
44	兰科 Orchidaceae	香荚兰属 Vanilla	大王香荚兰	Vanilla imperialis Kraenzl.	藤本	栽培	香料/饮料植物	果实

(续表)

序号	科名	属名	中文名	拉丁学名	性状	栽培资源	用途	利用部位
45	兰科 Orchidaceae	香荚兰属 Vanilla	香荚兰	*Vanilla planifolia* Andrews	藤本	栽培	香料/饮料植物	果实
46	鸢尾科 Iridaceae	红葱属 Eleutherine	红葱	*Eleutherine plicata* Herb.	草本	栽培	香料植物	鳞茎
47	鸢尾科 Iridaceae	香雪兰属 Freesia	香雪兰	*Freesia refracta* Klatt	草本	栽培	香料植物	花
48	鸢尾科 Iridaceae	鸢尾属 Iris	香根鸢尾	*Iris pallida* Lamarck Encycl	草本	栽培	香料植物	根状茎
49	石蒜科 Amaryllidaceae	葱属 Allium	洋葱	*Allium cepa* L.	草本	栽培	香料植物	鳞茎
50	石蒜科 Amaryllidaceae	葱属 Allium	藠头	*Allium chinense* G. Don	草本	栽培	香料植物	全株
51	石蒜科 Amaryllidaceae	葱属 Allium	葱	*Allium fistulosum* L.	草本	栽培	香料植物	全株
52	石蒜科 Amaryllidaceae	葱属 Allium	蒜	*Allium sativum* L.	草本	栽培	香料植物	全株
53	石蒜科 Amaryllidaceae	葱属 Allium	韭	*Allium tuberosum* Rottler ex Sprengle	草本	栽培	香料植物	全株
54	棕榈科 Arecaceae	椰子属 Cocos	椰子	*Cocos nucifera* L.	乔木	栽培	饮料植物	果实
55	棕榈科 Arecaceae	油棕属 Elaeis	油棕	*Elaeis guineensis* Jacq.	直立乔木状	栽培	香料/饮料植物	花、果实
56	闭鞘姜科 Costaceae	闭鞘姜属 Hellenia	闭鞘姜	*Hellenia speciosa* (J. Koenig) S. R. Dutta	草本		香料植物	根状茎
57	姜科 Zingiberaceae	山姜属 Alpinia	小花山姜	*Alpinia brevis* T. L. Wu et S. J. Chen	草本		香料植物	根状茎
58	姜科 Zingiberaceae	山姜属 Alpinia	节鞭山姜	*Alpinia conchigera* Griffith	草本		香料植物	果实、根状茎
59	姜科 Zingiberaceae	山姜属 Alpinia	革叶山姜	*Alpinia coriacea* T. L. Wu et S. J. Chen	草本		香料植物	根状茎
60	姜科 Zingiberaceae	山姜属 Alpinia	红豆蔻	*Alpinia galanga* (L.) Willd.	草本		香料植物	果实、根状茎
61	姜科 Zingiberaceae	山姜属 Alpinia	海南山姜	*Alpinia hainanensis* K. Schumann	草本		香料植物	果实
62	姜科 Zingiberaceae	山姜属 Alpinia	山姜	*Alpinia japonica* (Thunb.) Miq.	草本		香料植物	果实、根状茎
63	姜科 Zingiberaceae	山姜属 Alpinia	假益智	*Alpinia maclurei* Merr.	草本		香料植物	根状茎
64	姜科 Zingiberaceae	山姜属 Alpinia	黑果山姜	*Alpinia nigra* (Gaertn.) Burtt	草本		香料植物	根状茎
65	姜科 Zingiberaceae	山姜属 Alpinia	华山姜	*Alpinia oblongifolia* Hayata	草本		香料植物	根状茎
66	姜科 Zingiberaceae	山姜属 Alpinia	高良姜	*Alpinia officinarum* Hance	草本		香料/饮料植物	根状茎
67	姜科 Zingiberaceae	山姜属 Alpinia	益智	*Alpinia oxyphylla* Miq.	草本		香料植物	果实
68	姜科 Zingiberaceae	山姜属 Alpinia	多花山姜	*Alpinia polyantha* D. Fang	草本		香料植物	根状茎
69	姜科 Zingiberaceae	山姜属 Alpinia	红山姜	*Alpinia purpurata* (Vieill.) K. Schum.	草本		香料植物	根状茎
70	姜科 Zingiberaceae	山姜属 Alpinia	皱叶山姜	*Alpinia rugosa* S. J. Chen & Z. Y. Chen	草本		香料植物	根状茎

(续表)

序号	科名	属名	中文名	拉丁学名	性状	栽培资源	用途	利用部位
71	姜科 Zingiberaceae	山姜属 Alpinia	艳山姜	Alpinia zerumbet (Pers.) B. L. Burtt & R. M. Sm.	草本		香料植物	花
72	姜科 Zingiberaceae	山姜属 Alpinia	花叶艳山姜	Alpinia zerumbet 'Variegata'	草本		香料植物	花
73	姜科 Zingiberaceae	豆蔻属 Amomum	海南假砂仁	Amomum chinense Chun	草本		香料植物	果实
74	姜科 Zingiberaceae	豆蔻属 Amomum	爪哇白豆蔻	Amomum compactum Solander ex Maton	草本	栽培	香料植物	果实
75	姜科 Zingiberaceae	豆蔻属 Amomum	荽味砂仁	Amomum coriandriodorum S. Q. Tong & Y. M. Xia	草本		香料植物	叶
76	姜科 Zingiberaceae	豆蔻属 Amomum	泰国白豆蔻	Amomum kravanh Pierre ex Gagnep.	草本	栽培	香料植物	果实
77	姜科 Zingiberaceae	豆蔻属 Amomum	海南砂仁	Amomum longiligulare T. L. Wu	草本		香料植物	果实
78	姜科 Zingiberaceae	豆蔻属 Amomum	长柄豆蔻	Amomum longipetiolatum Merr.	草本		香料植物	果实
79	姜科 Zingiberaceae	豆蔻属 Amomum	九翅豆蔻	Amomum maximum Roxb.	草本	栽培	香料植物	果实
80	姜科 Zingiberaceae	豆蔻属 Amomum	疣果豆蔻	Amomum muricarpum Elm.	草本		香料植物	果实
81	姜科 Zingiberaceae	豆蔻属 Amomum	西藏豆蔻	Amomum tibeticum (T. L. Wu & S. J. Chen) X. E. Ye, L. Bai & N. H. Xia	草本		香料植物	果实
82	姜科 Zingiberaceae	豆蔻属 Amomum	草果	Amomum tsaoko Crevost et Lemarie	草本	栽培	香料植物	果实
83	姜科 Zingiberaceae	豆蔻属 Amomum	砂仁	Amomum villosum Lour.	草本	栽培	香料植物	果实
84	姜科 Zingiberaceae	豆蔻属 Amomum	缩砂密	Amomum villosum var. xanthioides (Wall. ex Bak.) T. L. Wu & S. J. Chen	草本		香料植物	果实
85	姜科 Zingiberaceae	豆蔻属 Amomum	墨脱豆蔻	Amomum xizangense L. Fu, Jian-P. Huang & Y. S.Ye	草本		香料植物	果实
86	姜科 Zingiberaceae	凹唇姜属 Boesenbergia	大花凹唇姜	Boesenbergia maxwellii Mood, L. M. Prince & Triboun	草本		香料植物	根状茎
87	姜科 Zingiberaceae	凹唇姜属 Boesenbergia	凹唇姜	Boesenbergia rotunda (L.) Mansf.	草本		香料植物	根状茎
88	姜科 Zingiberaceae	姜黄属 Curcuma	姜荷花	Curcuma alismatifolia Gagnep.	草本		香料植物	根状茎
89	姜科 Zingiberaceae	姜黄属 Curcuma	郁金	Curcuma aromatica Salisb.	草本		香料植物	根状茎
90	姜科 Zingiberaceae	姜黄属 Curcuma	广西莪术	Curcuma kwangsiensis S. G. Lee & C. F. Liang	草本		香料植物	根状茎
91	姜科 Zingiberaceae	姜黄属 Curcuma	姜黄	Curcuma longa L.	草本	栽培	香料植物	根状茎
92	姜科 Zingiberaceae	姜黄属 Curcuma	莪术	Curcuma phaeocaulis Valeton	草本	栽培	香料植物	根状茎

(续表)

序号	科名	属名	中文名	拉丁学名	性状	栽培资源	用途	利用部位
93	姜科 Zingiberaceae	姜黄属 Curcuma	川郁金	Curcuma sichuanensis X. X. Chen	草本		香料植物	根状茎
94	姜科 Zingiberaceae	姜黄属 Curcuma	温郁金	Curcuma wenyujin Y. H. Chen & C. Ling	草本		香料植物	根状茎
95	姜科 Zingiberaceae	地豆蔻属 Elettariopsis	单叶拟豆蔻	Elettariopsis monophylla (Gagnepain) Loesener	草本		香料植物	果实
96	姜科 Zingiberaceae	茴香砂仁属 Etlingera	火炬姜	Etlingera elator (Jack) R. M. Sm.	草本	栽培	香料植物	花
97	姜科 Zingiberaceae	茴香砂仁属 Etlingera	红茴砂	Etlingera littoralis (J. Konig) Giseke	草本		香料植物	果实
98	姜科 Zingiberaceae	姜花属 Hedychium	红姜花	Hedychium coccineum Buch.-Ham. ex Sm.	草本		香料植物	根状茎
99	姜科 Zingiberaceae	姜花属 Hedychium	姜花	Hedychium coronarium J. Koenig	草本		香料植物	花、根状茎
100	姜科 Zingiberaceae	姜花属 Hedychium	黄姜花	Hedychium flavum Roxb.	草本		香料植物	花
101	姜科 Zingiberaceae	姜花属 Hedychium	圆瓣姜花	Hedychium forrestii Diels	草本		香料植物	花
102	姜科 Zingiberaceae	姜花属 Hedychium	毛姜花	Hedychium villosum Wall.	草本		香料植物	根状茎
103	姜科 Zingiberaceae	姜花属 Hedychium	滇姜花	Hedychium yunnanense Gagnep.	草本		香料植物	果实
104	姜科 Zingiberaceae	山柰属 Kaempferia	紫花山柰	Kaempferia elegans (Wall).	草本	栽培	香料植物	根状茎
105	姜科 Zingiberaceae	山柰属 Kaempferia	山柰	Kaempferia galanga L.	草本	栽培	香料植物	根状茎
106	姜科 Zingiberaceae	山柰属 Kaempferia	大叶山柰	Kaempferia galanga var. latifolia Donn ex Gagnep.	草本	栽培	香料植物	根状茎
107	姜科 Zingiberaceae	山柰属 Kaempferia	小花山柰	Kaempferia parviflora Wall. ex Baker	草本		香料植物	根状茎
108	姜科 Zingiberaceae	山柰属 Kaempferia	海南三七	Kaempferia rotunda L.	草本		香料植物	根状茎
109	姜科 Zingiberaceae	土田七属 Stahlianthus	土田七	Stahlianthus involucratus (King ex Bak.) Craib ex Loesener	草本		香料植物	根状茎
110	姜科 Zingiberaceae	姜属 Zingiber	珊瑚姜	Zingiber corallinum Hance	草本		香料植物	根状茎
111	姜科 Zingiberaceae	姜属 Zingiber	蘘荷	Zingiber mioga (Thunb.) Rosc.	草本		香料植物	花、叶、根状茎
112	姜科 Zingiberaceae	姜属 Zingiber	光果姜	Zingiber nudicarpum D. Fang	草本		香料植物	根状茎
113	姜科 Zingiberaceae	姜属 Zingiber	姜	Zingiber officinale Roscoe	草本	栽培	香料/饮料植物	叶、根状茎
114	姜科 Zingiberaceae	姜属 Zingiber	蜂巢姜	Zingiber spectabile Griff.	草本	栽培	香料植物	根状茎
115	姜科 Zingiberaceae	姜属 Zingiber	阳荷	Zingiber striolatum Diels	草本		香料植物	根状茎

(续表)

序号	科名	属名	中文名	拉丁学名	性状	栽培资源	用途	利用部位
116	姜科 Zingiberaceae	姜属 Zingiber	红球姜	Zingiber zerumbet (L.) Roscose ex Smith	草本		香料植物	根状茎
117	莎草科 Cyperaceae	莎草属 Cyperus	香附子	Cyperus rotundus L.	草本		香料植物	根状茎
118	禾本科 Poaceae	金须茅属 Chrysopogon	香根草	Chrysopogon zizanioides (L.) Roberty	草本	栽培	香料植物	根
119	禾本科 Poaceae	香茅属 Cymbopogon	柠檬草	Cymbopogon citratus (D. C.) Stapf	草本	栽培	香料植物	全株
120	禾本科 Poaceae	香茅属 Cymbopogon	曲序香茅	Cymbopogon flexuosus (Nees ex Steud.) Wats.	草本	栽培	香料植物	全株
121	禾本科 Poaceae	香茅属 Cymbopogon	青香茅	Cymbopogon mekongensis A. Camus	草本	栽培	香料植物	全株
122	禾本科 Poaceae	香茅属 Cymbopogon	亚香茅	Cymbopogon nardus (L.) Rendle	草本	栽培	香料植物	全株
123	禾本科 Poaceae	香茅属 Cymbopogon	扭鞘香茅	Cymbopogon tortilis (J. Presl) A. Camus	草本	栽培	香料植物	全株
124	禾本科 Poaceae	香茅属 Cymbopogon	枫茅	Cymbopogon winterianus Jowitt	草本	栽培	香料植物	全株
125	豆科 Fabaceae	相思树属 Acacia	大叶相思	Acacia auriculiformis A. Cunn. ex Benth	乔木	栽培	香料植物	花
126	豆科 Fabaceae	相思树属 Acacia	台湾相思	Acacia confusa Merr.	乔木	栽培	香料植物	花
127	豆科 Fabaceae	合欢属 Albizia	香合欢	Albizia odoratissima (L. f.) Benth.	乔木	栽培	香料植物	花
128	豆科 Fabaceae	蝶豆属 Clitoria	蝶豆	Clitoria ternatea L.	草本	栽培	饮料植物	花
129	豆科 Fabaceae	黄檀属 Dalbergia	两粤黄檀	Dalbergia benthamii Prain	攀缘灌木		香料植物	茎
130	豆科 Fabaceae	黄檀属 Dalbergia	黑黄檀	Dalbergia cultrata Graham ex Bentham	乔木	栽培	香料植物	茎
131	豆科 Fabaceae	黄檀属 Dalbergia	海南黄檀	Dalbergia hainanensis Merr. et Chun	乔木	栽培	香料植物	茎
132	豆科 Fabaceae	黄檀属 Dalbergia	降香	Dalbergia odorifera T. Chen	乔木	栽培	香料植物	茎
133	豆科 Fabaceae	黄檀属 Dalbergia	斜叶黄檀	Dalbergia pinnata (Lour.) Prain	乔木或藤状灌木		香料植物	茎
134	豆科 Fabaceae	香脂豆属 Myroxylon	吐鲁胶	Myroxylon balsamum (L.) Harms	乔木	栽培	香料植物	树脂
135	豆科 Fabaceae	紫檀属 Pterocarpus	紫檀	Pterocarpus indicus willd.	乔木	栽培	香料植物	茎、树脂
136	豆科 Fabaceae	儿茶属 Senegalia	臭菜藤	Senegalia pennata (L.) Maslin	攀缘藤本	栽培	香料植物	叶、茎
137	豆科 Fabaceae	酸豆属 Tamarindus	酸豆	Tamarindus indica L.	乔木	栽培	香料/饮料植物	果实
138	豆科 Fabaceae	金合欢属 Vachellia	金合欢	Vachellia farnesiana (L.) Wight & Arnott	灌木或小乔木	栽培	香料植物	花
139	蔷薇科 Rosaceae	蔷薇属 Rosa	月季花	Rosa chinensis Jacq.	灌木	栽培	香料/饮料植物	花
140	蔷薇科 Rosaceae	蔷薇属 Rosa	玫瑰	Rosa rugosa Thunb.	灌木	栽培	香料/饮料植物	花

(续表)

序号	科名	属名	中文名	拉丁学名	性状	栽培资源	用途	利用部位
141	桑科 Moraceae	榕属 Ficus	粗叶榕	Ficus hirta Vahl	灌木或小乔木		香料植物	根、茎
142	壳斗科 Fagaceae	柯属 Lithocarpus	木姜叶柯	Lithocarpus litseifolius (Hance) Chun	乔木		饮料植物	叶
143	壳斗科 Fagaceae	柯属 Lithocarpus	多穗柯	Lithocarpus polystachyus Rehder	乔木		饮料植物	叶
144	葫芦科 Cucurbitaceae	绞股蓝属 Gynostemma	绞股蓝	Gynostemma pentaphyllum (Thunb.) Makino	草质攀缘藤本		饮料植物	全株
145	秋海棠科 Begoniaceae	秋海棠属 Begonia	紫背天葵	Begonia fimbristipula Hance	草本		饮料植物	叶
146	大戟科 Euphorbiaceae	野桐属 Mallotus	山苦茶	Mallotus peltatus (Geiseler) Müll. Arg.	灌木或小乔木	栽培	饮料植物	叶
147	牻牛儿苗科 Geraniaceae	天竺葵属 Pelargonium	香叶天竺葵	Pelargonium graveolens L'Hér.	草本	栽培	香料植物	全株
148	千屈菜科 Lythraceae	散沫花属 Lawsonia	散沫花	Lawsonia inermis L.	灌木	栽培	香料植物	花
149	桃金娘科 Myrtaceae	麝香桃属 Backhousia	柠檬香桃叶	Backhousia citriodora F. Muell.	乔木	栽培	香料/饮料植物	叶
150	桃金娘科 Myrtaceae	岗松属 Baeckea	岗松	Baeckea frutescens L.	灌木		香料植物	全株
151	桃金娘科 Myrtaceae	红千层属 Callistemon	美花红千层	Callistemon citrinus (Curtis) Skeels	小乔木	栽培	香料植物	叶
152	桃金娘科 Myrtaceae	红千层属 Callistemon	垂枝红千层	Callistemon viminalis (Soland.) Cheel.	小乔木	栽培	香料植物	叶
153	桃金娘科 Myrtaceae	桉属 Eucalyptus	柠檬桉	Eucalyptus citriodora Hook.	乔木	栽培	香料植物	叶
154	桃金娘科 Myrtaceae	桉属 Eucalyptus	桉树	Eucalyptus robusta Smith	乔木	栽培	香料植物	叶
155	桃金娘科 Myrtaceae	桉属 Eucalyptus	细叶桉	Eucalyptus tereticornis Smith	乔木	栽培	香料植物	叶
156	桃金娘科 Myrtaceae	白千层属 Melaleuca	互叶白千层	Melaleuca alternifolia Cheel	乔木	栽培	香料植物	叶
157	桃金娘科 Myrtaceae	白千层属 Melaleuca	黄金串钱柳	Melaleuca bracteata F. Muell.	乔木	栽培	香料植物	叶
158	桃金娘科 Myrtaceae	白千层属 Melaleuca	白千层	Melaleuca cajuputi subsp. cumingiana (Turczaninow) Barlow	乔木	栽培	香料植物	叶
159	桃金娘科 Myrtaceae	白千层属 Melaleuca	狭叶白千层	Melaleuca linariifolia Smith	乔木	栽培	香料植物	叶
160	桃金娘科 Myrtaceae	香桃木属 Myrtus	香桃木	Myrtus communis L.	灌木	栽培	香料植物	叶、花、果实
161	桃金娘科 Myrtaceae	多香果属 Pimenta	众香	Pimenta racemosa (Mill) J. W. Moore	乔木	栽培	香料植物	叶、花蕾、果实
162	桃金娘科 Myrtaceae	蒲桃属 Syzygium	丁香蒲桃	Syzygium aromaticum (L.) Merr. & L. M. Perry	乔木	栽培	香料植物	叶、花蕾、果实

（续表）

序号	科名	属名	中文名	拉丁学名	性状	栽培资源	用途	利用部位
163	桃金娘科 Myrtaceae	蒲桃属 Syzygium	大叶丁香蒲桃	Syzygium caryophyllatum Alston	乔木	栽培	香料植物	叶、花蕾、果实
164	漆树科 Anacardiaceae	黄连木属 Pistacia	清香木	Pistacia weinmanniifolia J. Poisson ex Franchet	灌木或小乔木	栽培	香料植物	叶
165	漆树科 Anacardiaceae	肖乳香属 Schinus	巴西肖乳香	Schinus terebinthifolia Raddi	乔木	栽培	香料植物	种子、树脂
166	漆树科 Anacardiaceae	槟榔青属 Spondias	食用槟榔青	Spondias dulcis G. Forst.	乔木	栽培	香料植物	叶
167	漆树科 Anacardiaceae	槟榔青属 Spondias	槟榔青	Spondias pinnata (L. F.) Kurz	乔木	栽培	香料植物	叶
168	芸香科 Rutaceae	山油柑属 Acronychia	山油柑	Acronychia pedunculata (L.) Miq.	灌木		香料植物	茎
169	芸香科 Rutaceae	酒饼簕属 Atalantia	酒饼簕	Atalantia buxifolia (Poir.) Oliv.	灌木		香料植物	叶
170	芸香科 Rutaceae	柑橘属 Citrus	手指柠檬	Citrus australasica F. Muell.	灌木	栽培	香料植物	果实
171	芸香科 Rutaceae	柑橘属 Citrus	金柑	Citrus japonica Thunb.	灌木	栽培	香料植物	果皮
172	芸香科 Rutaceae	柑橘属 Citrus	柠檬	Citrus × limon (L.) Osbeck	灌木或小乔木	栽培	香料/饮料植物	叶、花、果实
173	芸香科 Rutaceae	柑橘属 Citrus	香水柠檬	Citrus × limon 'Rosso'	灌木或小乔木	栽培	香料/饮料植物	叶、花、果皮
174	芸香科 Rutaceae	柑橘属 Citrus	柚	Citrus maxima (Burm.) Merr.	乔木	栽培	香料植物	叶、花、果皮
175	芸香科 Rutaceae	柑橘属 Citrus	佛手	Citrus medica 'Fingered'	灌木或小乔木	栽培	香料植物	叶、花、果皮
176	芸香科 Rutaceae	柑橘属 Citrus	香橼	Citrus medica L.	灌木或小乔木	栽培	香料植物	叶、花、果皮
177	芸香科 Rutaceae	柑橘属 Citrus	四季橘	Citrus × microcarpa Bunge	灌木	栽培	香料植物	叶、花、果皮
178	黄皮属 Clausena	黄皮属 Clausena	小黄皮	Clausena emarginata C. C. Huang	乔木		香料植物	果实、果皮
179	芸香科 Rutaceae	黄皮属 Clausena	假黄皮	Clausena excavata Burm. f.	灌木		香料植物	果实、果皮
180	芸香科 Rutaceae	黄皮属 Clausena	海南黄皮	Clausena hainanensis Huang et Xing	灌木		香料植物	果实、果皮
181	芸香科 Rutaceae	黄皮属 Clausena	黄皮	Clausena lansium (Lour.) Skeels	小乔木	栽培	香料植物	果实、果皮
182	芸香科 Rutaceae	黄皮属 Clausena	光滑黄皮	Clausena lenis Drake	灌木或小乔木		香料植物	果实、果皮
183	芸香科 Rutaceae	山小橘属 Glycosmis	光叶山小橘	Glycosmis craibii var. glabra (Craib)Tanaka	小乔木		香料植物	叶、果实
184	芸香科 Rutaceae	山小橘属 Glycosmis	山小橘	Glycosmis pentaphylla (Retz.) Correa	小乔木		香料植物	叶、果实
185	芸香科 Rutaceae	三叶藤橘属 Luvunga	三叶藤橘	Luvunga scandens (Roxb.) Buch.–Ham. ex Wight et Arn. Prodr.	木质藤本		香料植物	叶
186	芸香科 Rutaceae	贡甲属 Maclurodendron	贡甲	Maclurodendron oligophlebium (Merrill) T. G. Hartley	乔木		香料植物	叶

(续表)

序号	科名	属名	中文名	拉丁学名	性状	栽培资源	用途	利用部位
187	芸香科 Rutaceae	蜜茱萸属 Melicope	三桠苦	Melicope pteleifolia (Champion ex Bentham) T. G. Hartley	灌木或小乔木		香料植物	叶
188	芸香科 Rutaceae	小芸木属 Micromelum	小芸木	Micromelum integerrimum (Buch.-Ham.) Roem.	小乔木		香料植物	花、果实
189	芸香科 Rutaceae	九里香属 Murraya	翼叶九里香	Murraya alata Drake	灌木		香料植物	花
190	芸香科 Rutaceae	九里香属 Murraya	九里香	Murraya exotica L.	灌木或小乔木		香料植物	叶、花、果实
191	芸香科 Rutaceae	九里香属 Murraya	调料九里香	Murraya koenigii (L.) Spreng.	灌木或小乔木		香料植物	叶、果实
192	芸香科 Rutaceae	九里香属 Murraya	小叶九里香	Murraya microphylla (Merr. et Chun) Swingle	灌木或小乔木		香料植物	叶、花、果实
193	芸香科 Rutaceae	单叶藤橘属 Paramignya	单叶藤橘	Paramignya confertifolia Swing.	木质攀缘藤本		香料植物	叶、花、果实、树皮
194	芸香科 Rutaceae	吴茱萸属 Tetradium	棟叶吴茱萸	Tetradium glabrifolium (Champion ex Bentham) T. G. Hartley	乔木		香料植物	叶、果皮
195	芸香科 Rutaceae	飞龙掌血属 Toddalia	飞龙掌血	Toddalia asiatica (L.) Lam.	木质藤本		香料植物	叶、果实
196	芸香科 Rutaceae	锦橘果属 Triphasia	锦橘果	Triphasia trifolia (Burm. f.) P. Wilson	灌木		香料植物	果实
197	芸香科 Rutaceae	花椒属 Zanthoxylum	刺花椒	Zanthoxylum acanthopodium DC.	小乔木		香料植物	果实
198	芸香科 Rutaceae	花椒属 Zanthoxylum	竹叶花椒	Zanthoxylum armatum DC.	小乔木		香料植物	果实
199	芸香科 Rutaceae	花椒属 Zanthoxylum	勒欓花椒	Zanthoxylum avicennae (Lam.) DC.	落叶乔木		香料植物	叶、果皮
200	芸香科 Rutaceae	花椒属 Zanthoxylum	琉球花椒	Zanthoxylum beecheyanum K. Koch	灌木	栽培	香料植物	叶、果实
201	芸香科 Rutaceae	花椒属 Zanthoxylum	花椒	Zanthoxylum bungeanum Maxim.	乔木	栽培	香料植物	果皮
202	芸香科 Rutaceae	花椒属 Zanthoxylum	异叶花椒	Zanthoxylum dimorphophyllum Hemsl.	乔木		香料植物	果实
203	芸香科 Rutaceae	花椒属 Zanthoxylum	墨脱花椒	Zanthoxylum motuoense Huang	小乔木	栽培	香料植物	叶、果实
204	芸香科 Rutaceae	花椒属 Zanthoxylum	两面针	Zanthoxylum nitidum (Roxb.) DC.	木质藤本		香料植物	叶
205	芸香科 Rutaceae	花椒属 Zanthoxylum	青花椒	Zanthoxylum schinifolium Sieb. et Zucc.	灌木		香料植物	叶、果实
206	楝科 Meliaceae	米仔兰属 Aglaia	米仔兰	Aglaia odorata Lour.	灌木或小乔木	栽培	香料植物	花
207	楝科 Meliaceae	香椿属 Toona	香椿	Toona sinensis (A. Juss.) Roem.	乔木	栽培	香料植物	嫩芽、叶
208	锦葵科 Malvaceae	秋葵属 Abelmoschus	黄葵	Abelmoschus moschatus Medicus	草本		香料植物	种子
209	锦葵科 Malvaceae	木槿属 Hibiscus	玫瑰茄	Hibiscus sabdariffa L.	草本	栽培	饮料植物	花萼

(续表)

序号	科名	属名	中文名	拉丁学名	性状	栽培资源	用途	利用部位
210	锦葵科 Malvaceae	可可属 Theobroma	二色可可	Theobroma bicolor Bonpl.	乔木	栽培	饮料植物	果实、种子
211	锦葵科 Malvaceae	可可属 Theobroma	可可	Theobroma cacao L.	乔木	栽培	饮料植物	果实、种子
212	锦葵科 Malvaceae	可可属 Theobroma	大花可可	Theobroma grandiflorum (Willd. ex Spreng.) K. Schum.	乔木	栽培	饮料植物	果实、种子
213	瑞香科 Thymelaeaceae	沉香属 Aquilaria	土沉香	Aquilaria sinensis (Lour.) Spreng.	乔木	栽培	香料植物	花、茎、树脂
214	龙脑香科 Dipterocarpaceae	坡垒属 Hopea	坡垒	Hopea hainanensis Merr. & Chun	乔木		香料植物	树脂
215	龙脑香科 Dipterocarpaceae	青梅属 Vatica	青梅	Vatica mangachapoi Blanco	乔木		香料植物	树脂
216	檀香科 Santalaceae	檀香属 Santalum	檀香	Santalum album L.	乔木	栽培	香料植物	茎
217	蓼科 Polygonaceae	蓼属 Persicaria	水蓼	Persicaria hydropiper (L.) Spach	草本		香料植物	全株
218	蓼科 Polygonaceae	蓼属 Persicaria	香辣蓼	Persicaria odorata (Lour.) Soják	草本		香料植物	全株
219	蓼科 Polygonaceae	蓼属 Persicaria	香蓼	Persicaria viscosa (Buch.–Ham. ex D. Don) H. Gross ex Nakai	草本		香料植物	全株
220	报春花科 Primulaceae	珍珠菜属 Lysimachia	灵香草	Lysimachia foenum-graecum Hance	草本		香料植物	全株
221	山茶科 Theaceae	山茶属 Camellia	茶	Camellia sinensis (L.) O. Ktze.	灌木或乔木	栽培	饮料植物	叶、芽
222	山茶科 Theaceae	山茶属 Camellia	普洱茶	Camellia sinensis var. assamica (J. W. Masters) Kitamura	灌木或乔木	栽培	饮料植物	叶、芽
223	山茶科 Theaceae	山茶属 Camellia	白毛茶	Camellia sinensis var. pubilimba Chang	灌木或乔木	栽培	饮料植物	叶、芽
224	茜草科 Rubiaceae	咖啡属 Coffea	小粒咖啡	Coffea arabica L.	灌木或乔木	栽培	饮料植物	果实、种子
225	茜草科 Rubiaceae	咖啡属 Coffea	中粒咖啡	Coffea canephora Pierre ex Froehn.	灌木或乔木	栽培	饮料植物	果实、种子
226	茜草科 Rubiaceae	咖啡属 Coffea	大粒咖啡（利比里亚咖啡）	Coffea liberica Bull ex Hiern	灌木或乔木	栽培	饮料植物	果实、种子
227	茜草科 Rubiaceae	咖啡属 Coffea	埃塞尔萨咖啡	Coffea liberica var. dewevrei (De Wild. & T. Durand) Lebrun	灌木或乔木	栽培	饮料植物	果实、种子
228	茜草科 Rubiaceae	咖啡属 Coffea	总序咖啡	Coffea racemosa Lour.	灌木	栽培	饮料植物	果实、种子
229	茜草科 Rubiaceae	栀子属 Gardenia	栀子	Gardenia jasminoides Ellis	灌木		香料/饮料植物	花、果实
230	茜草科 Rubiaceae	巴戟天属 Morinda	海滨木巴戟	Morinda citrifolia L.	灌木或小乔木		饮料植物	果实
231	茜草科 Rubiaceae	蛇舌草属 Scleromitrion	白花蛇舌草	Scleromitrion diffusum (Willd.) R. J. Wang	草本		饮料植物	全株

(续表)

序号	科名	属名	中文名	拉丁学名	性状	栽培资源	用途	利用部位
232	夹竹桃科 Apocynaceae	南山藤属 Dregea	南山藤	Dregea volubilis (L. f.) Benth. ex Hook. f.	木质大藤本		香料植物	叶、花
233	夹竹桃科 Apocynaceae	夜来香属 Telosma	夜来香	Telosma cordata (Burm. f.) Merr.	藤状灌木	栽培	香料植物	花
234	夹竹桃科 Apocynaceae	夜来香属 Telosma	卧茎夜来香	Telosma procumbens (Blanco) Merr.	藤状灌木		香料植物	花
235	茄科 Solanaceae	辣椒属 Capsicum	辣椒	Capsicum annuum L.	草本	栽培	香料植物	果实
236	茄科 Solanaceae	辣椒属 Capsicum	朝天椒	Capsicum annuum var. conoides (Mill.) Irish	草本	栽培	香料植物	果实
237	茄科 Solanaceae	辣椒属 Capsicum	中华辣椒	Capsicum chinense Jacq.	草本	栽培	香料植物	果实
238	茄科 Solanaceae	夜香树属 Cestrum	夜香树	Cestrum nocturnum L.	灌木	栽培	香料植物	花
239	茄科 Solanaceae	烟草属 Nicotiana	烟草	Nicotiana tabacum L.	草本	栽培	香料植物	叶
240	木樨科 Oleaceae	素馨属 Jasminum	多花素馨	Jasminum polyanthum Franchet	藤本		香料植物	花
241	木樨科 Oleaceae	素馨属 Jasminum	茉莉花	Jasminum sambac (L.) Aiton	直立或攀缘灌木	栽培	香料/饮料植物	花
242	木樨科 Oleaceae	木樨榄属 Olea	桂花	Osmanthus fragrans (Thunb.) Loureiro	灌木或乔木	栽培	香料植物	花
243	车前科 Plantaginaceae	石龙尾属 Limnophila	大叶石龙尾	Limnophila rugosa (Roth) Merr.	草本	栽培	香料植物	全株
244	芝麻科 Pedaliaceae	芝麻属 Sesamum	芝麻	Sesamum indicum L.	草本	栽培	香料植物	种子
245	爵床科 Acanthaceae	鳄嘴花属 Clinacanthus	鳄嘴花	Clinacanthus nutans (Burm. f.) Lindau	草本	栽培	饮料植物	叶
246	马鞭草科 Verbenaceae	橙香木属 Aloysia	柠檬马鞭草	Aloysia citrodora Palàu	灌木	栽培	香料/饮料植物	叶
247	唇形科 Lamiaceae	藿香属 Agastache	藿香	Agastache rugosa (Fisch. & C. A. Mey.) Kuntze	草本	栽培	香料植物	叶、果实、茎
248	唇形科 Lamiaceae	鞘蕊花属 Coleus	到手香	Coleus amboinicus Lour.	草本	栽培	香料植物	全株
249	唇形科 Lamiaceae	鞘蕊花属 Coleus	排香草	Coleus strobilifer (Roxb.) A. J. Paton	草本	栽培	香料植物	叶
250	唇形科 Lamiaceae	香薷属 Elsholtzia	吉龙草	Elsholtzia communis (Coll. et Hemsl.) Diels	草本	栽培	香料植物	叶、茎
251	唇形科 Lamiaceae	香薷属 Elsholtzia	野草香	Elsholtzia cyprianii (Pavolini) S. Chow ex P. S. Hsu	草本		香料植物	全株
252	唇形科 Lamiaceae	香薷属 Elsholtzia	水香薷	Elsholtzia kachinensis Prain	草本		香料植物	全株
253	唇形科 Lamiaceae	香茶菜属 Isodon	香茶菜	Isodon amethystoides (Bentham) H. Hara	草本		香料植物	全株
254	唇形科 Lamiaceae	蜜蜂花属 Melissa	香蜂花	Melissa officinalis L.	草本		香料植物	全株
255	唇形科 Lamiaceae	薄荷属 Mentha	薄荷	Mentha canadensis L.	草本	栽培	香料/饮料植物	全株

(续表)

序号	科名	属名	中文名	拉丁学名	性状	栽培资源	用途	利用部位
256	唇形科 Lamiaceae	薄荷属 Mentha	皱叶留兰香	Mentha crispata Schrader ex Willd.	草本	栽培	香料植物	全株
257	唇形科 Lamiaceae	薄荷属 Mentha	辣叶薄荷	Mentha × piperita L.	草本	栽培	香料植物	全株
258	唇形科 Lamiaceae	薄荷属 Mentha	留兰香	Mentha spicata L.	草本	栽培	香料植物	全株
259	唇形科 Lamiaceae	山香属 Mesosphaerum	山香	Mesosphaerum suaveolens (L.) Kuntze	草本	栽培	香料植物	全株
260	唇形科 Lamiaceae	姜味草属 Micromeria	姜味草	Micromeria biflora (Buch.-Ham. ex D. Don) Benth.	半灌木		香料植物	全株
261	唇形科 Lamiaceae	罗勒属 Ocimum	罗勒	Ocimum basilicum L.	草本	栽培	香料植物	全株
262	唇形科 Lamiaceae	罗勒属 Ocimum	疏柔毛罗勒	Ocimum basilicum var. pilosum (Willd.) Benth.	草本	栽培	香料植物	全株
263	唇形科 Lamiaceae	罗勒属 Ocimum	丁香罗勒	Ocimum gratissimum L.	灌木	栽培	香料植物	全株
264	唇形科 Lamiaceae	罗勒属 Ocimum	毛叶丁香罗勒	Ocimum gratissimum var. suave (Willd.) Hook.f.	灌木	栽培	香料植物	全株
265	唇形科 Lamiaceae	罗勒属 Ocimum	圣罗勒	Ocimum tenuiflorum Burm. f.	半灌木	栽培	香料植物	全株
266	唇形科 Lamiaceae	牛至属 Origanum	甘牛至	Origanum majorana L.	草本	栽培	香料植物	全株
267	唇形科 Lamiaceae	牛至属 Origanum	牛至	Origanum vulgare L.	草本	栽培	香料植物	全株
268	唇形科 Lamiaceae	鸡脚参属 Orthosiphon	肾茶	Orthosiphon aristatus (Blume) Miq.	草本		饮料植物	全株
269	唇形科 Lamiaceae	紫苏属 Perilla	紫苏	Perilla frutescens (L.) Britt.	草本	栽培	香料植物	全株
270	唇形科 Lamiaceae	紫苏属 Perilla	野生紫苏	Perilla frutescens var. purpurascens (Hayata) H. W. Li	草本		香料植物	全株
271	唇形科 Lamiaceae	凉粉草属 Platostoma	凉粉草	Platostoma palustre (Blume) A. J. Paton	草本	栽培	饮料植物	全株
272	唇形科 Lamiaceae	延命草花属 Plectranthus	碰碰香	Plectranthus 'Cerverán Line'	草本	栽培	香料植物	全株
273	唇形科 Lamiaceae	刺蕊草属 Pogostemon	广藿香	Pogostemon cablin (Blanco) Benth.	草本或半灌木	栽培	香料植物	全株
274	唇形科 Lamiaceae	豆腐柴属 Premna	豆腐柴	Premna microphylla Turcz.	灌木		饮料植物	叶
275	唇形科 Lamiaceae	迷迭香属 Rosmarinus	迷迭香	Rosmarinus officinalis L.	灌木	栽培	香料植物	全株
276	唇形科 Lamiaceae	黄芩属 Scutellaria	海南黄芩	Scutellaria hainanensis C. Y. Wu	草本		香料植物	全株

（续表）

序号	科名	属名	中文名	拉丁学名	性状	栽培资源	用途	利用部位
277	唇形科 Lamiaceae	黄芩属 Scutellaria	爪哇黄芩	Scutellaria javanica Jungh.	草本		香料植物	全株
278	唇形科 Lamiaceae	香科科属 Teucrium	血见愁	Teucrium viscidum Bl.	草本		香料植物	全株
279	唇形科 Lamiaceae	牡荆属 Vitex	黄荆	Vitex negundo L.	灌木或小乔木		香料植物	枝、叶、花
280	冬青科 Aquifoliaceae	冬青属 Ilex	冬青	Ilex chinensis Sims	乔木		饮料植物	叶
281	冬青科 Aquifoliaceae	冬青属 Ilex	扣树	Ilex kaushue S. Y. Hu	乔木	栽培	饮料植物	叶
282	冬青科 Aquifoliaceae	冬青属 Ilex	大叶冬青	Ilex latifolia Thunb.	乔木	栽培	饮料植物	叶
283	冬青科 Aquifoliaceae	冬青属 Ilex	铁冬青	Ilex rotunda Thunb.	灌木或乔木		饮料植物	叶、树皮
284	菊科 Asteraceae	蒿属 Artemisia	黄花蒿	Artemisia annua L.	草本		香料植物	全株
285	菊科 Asteraceae	蒿属 Artemisia	青蒿	Artemisia carvifolia Buch.–Ham. ex Roxb.	草本		香料植物	全株
286	菊科 Asteraceae	蒿属 Artemisia	牡蒿	Artemisia japonica Thunb.	草本		香料植物	全株
287	菊科 Asteraceae	蒿属 Artemisia	五月艾	Artemisia indica Willd.	草本		香料植物	全株
288	菊科 Asteraceae	艾纳香属 Blumea	柔毛艾纳香	Blumea axillaris (Lamarck) Candolle	草本		香料植物	全株
289	菊科 Asteraceae	艾纳香属 Blumea	艾纳香	Blumea balsamifera (L.) DC.	草本或亚灌木		香料植物	全株
290	菊科 Asteraceae	艾纳香属 Blumea	芫菁叶艾纳香	Blumea napifolia DC.	草本		香料植物	叶、花
291	菊科 Asteraceae	菊属 Chrysanthemum	野菊	Chrysanthemum indicum L.	草本		香料植物	花
292	菊科 Asteraceae	菊属 Chrysanthemum	菊花	Chrysanthemum×morifolium (Ramat.) Hemsl.	草本	栽培	饮料植物	全株
293	菊科 Asteraceae	飞蓬属 Erigeron	小蓬草	Erigeron canadensis L.	草本		香料植物	全株
294	菊科 Asteraceae	飞蓬属 Erigeron	香丝草	Erigeron bonariensis L.	草本		香料植物	叶、茎
295	菊科 Asteraceae	泽兰属 Eupatorium	佩兰	Eupatorium fortunei Turcz.	草本		香料植物	叶、花
296	菊科 Asteraceae	六棱菊属 Laggera	六棱菊	Laggera alata (D. Don) Sch.–Bip. ex Oliv.	草本		香料植物	叶
297	菊科 Asteraceae	阔苞菊属 Pluchea	阔苞菊	Pluchea indica (L.) Less.	灌木		香料植物	叶
298	菊科 Asteraceae	香蝶菊属 Porophyllum	香蝶菊	Porophyllum ruderale (Jacq.) Cass.	草本或亚灌木		香料植物	叶
299	菊科 Asteraceae	鼠曲草属 Pseudognaphalium	宽叶鼠曲草	Pseudognaphalium adnatum (Candolle) Y. S. Chen	草本		香料植物	叶
300	菊科 Asteraceae	鼠曲草属 Pseudognaphalium	鼠曲草	Pseudognaphalium affine (D. Don) Anderberg	草本		香料植物	叶、花

（续表）

序号	科名	属名	中文名	拉丁学名	性状	栽培资源	用途	利用部位
301	菊科 Asteraceae	甜叶菊属 Stevia	甜叶菊	Stevia rebaudiana (Bertoni) Bertoni	草本	栽培	饮料植物	叶
302	菊科 Asteraceae	万寿菊属 Tagetes	万寿菊	Tagetes erecta L.	草本	栽培	香料植物	花
303	菊科 Asteraceae	万寿菊属 Tagetes	芳香万寿菊	Tagetes lemmonii A.Gray	草本	栽培	香料植物	叶、花
304	忍冬科 Caprifoliaceae	忍冬属 Lonicera	忍冬	Lonicera japonica Thunb.	藤本		饮料植物	花
305	五加科 Araliaceae	五加属 Eleutherococcus	刺五加	Eleuherococcus senticosus (Ruprecht & Maximowicz) Maximowicz	灌木		饮料植物	叶
306	伞形科 Apiaceae	积雪草属 Centella	积雪草	Centella asiatica (L.) Urban	草本		饮料植物	全株
307	伞形科 Apiaceae	芫荽属 Coriandrum	芫荽	Coriandrum sativum L.	草本	栽培	香料植物	全株
308	伞形科 Apiaceae	刺芹属 Eryngium	刺芹	Eryngium foetidum L.	草本		香料植物	全株
309	伞形科 Apiaceae	茴香属 Foeniculum	茴香	Foeniculum vulgare Mill.	草本	栽培	香料植物	叶、种子、茎
310	伞形科 Apiaceae	水芹属 Oenanthe	水芹	Oenanthe javanica (Bl.) DC.	草本	栽培	香料植物	全株

二、热带香料饮料植物种类详述

（一）五味子科 Schisandraceae

1. 八角 *Illicium verum* Hook. f.

别称：八角茴香、五香八角、大料

形态特征 | 乔木，高10～15 m。叶不整齐互生，在顶端3～6片近轮生或松散簇生，革质或厚革质，倒卵状椭圆形、倒披针形或椭圆形。花粉红色至深红色，单生叶腋或近顶生。聚合果，蓇葖多为8，呈八角形。种子褐色。花期3—5月及8—10月；果期9—10月及翌年3—4月。

生境与分布 | 生于沟谷两侧和溪边林缘。产于我国广东沿海岛屿，广东、广西、海南有栽培。

利用 | 果实主要用作调味香料；果皮、种子、叶含芳香油，可以提取八角茴香油，是化妆品和食品工业的重要原料。

（二）三白草科 Saururaceae

2. 蕺菜 *Houttuynia cordata* Thunb.
别称：鱼腥草、折耳根

形态特征 | 草本，高30～60 cm；茎下部伏地。叶薄纸质，有腺点；卵形或阔卵形；两面有时除叶脉被毛外余均无毛，背面常呈紫红色；叶脉5～7条。花序无毛；总苞片长圆形或倒卵形。蒴果顶端有宿存的花柱。花期4—7月。

生境与分布 | 生于沟边、溪边、林下、湿地及田边。产于我国中部、东南至西南部各省区，海南有分布。

利用 | 全株可食用；嫩根茎常作调味品或蔬菜。

（三）胡椒科 Piperaceae

3. 长耳树胡椒 *Piper auritum* Kunth
别称：墨西哥胡椒

形态特征 | 常绿丛生状灌木或小乔木，高可达6 m；枝、叶和花果序具有芳香气味。叶互生，全缘，纸质，椭圆形，先端尾尖，基部呈心形。穗状花序，与叶对生；花两性，极小，浅黄绿色。浆果卵形或球形，组成稠密圆柱形穗状体；果序弯曲，成熟时黑色，变软后脱落。种子小，黑褐色或黑色。常年开花结果。

生境与分布 | 原产于拉丁美洲的墨西哥南部至哥伦比亚。兴隆热带植物园有引种栽培。

利用 | 叶片含有黄樟油，味道辛辣，具有芳香气味，常被用作香料；叶子在原产地常常被用来做调味汤、炖菜、炖肉等。

4. 蒌叶 *Piper betle* L.
别称：蒟酱

形态特征｜攀缘藤本；枝稍带木质。叶纸质至近革质，阔卵形至卵状长圆形；叶脉7条，最上1对通常对生，少有互生。花单性，雌雄异株，聚集成与叶对生的穗状花序；雄花序开花时几与叶片等长；雌花序于果期延长，子房下部嵌生于肉质花序轴中并与其合生。浆果顶端稍凸，有茸毛，下部与花序轴合生成一柱状、肉质、带红色的果穗。花期5—7月。

生境与分布｜常攀爬于高大乔木上。原产于印度尼西亚。海南常见栽培。

利用｜蒌叶提取的芳香油为蒟酱油，可作调香原料。东南亚不少民族喜以其叶包石灰与槟榔作咀嚼嗜好品。

5. 黄花胡椒 *Piper flaviflorum* C. DC.

形态特征｜攀缘藤本，高达10 m。叶硬纸质，椭圆形或卵状长圆形；叶脉7条，最上1对互生，在叶片1/3处从中脉发出，弯拱上升，余者每边2条侧脉基出或近基出。花黄色，单性，雌雄异株，聚集成与叶对生的穗状花序；雄花序纤细；雌花序近果成熟期长可达18 cm。浆果球形，黄色。花期11月至翌年4月。

生境与分布｜生于山谷、沟边密林中，攀缘于大树上。原产于我国云南，海南有栽培。

利用｜黄花胡椒抗病性好，可用作胡椒（*Piper nigrum* L.）砧木。

6. 大叶蒟 *Piper laetispicum* C. DC.

形态特征 | 木质攀缘藤本，高可达10 m。叶革质，有透明腺点，长圆形或卵状长圆形，稀椭圆形，基部两侧不等，斜心形。花单性，雌雄异株，聚集成与叶对生的穗状花序；雌花序长和宽与雄花序的相同。浆果近球形，果柄与果近等长。花期8—12月。

生境与分布 | 生于密林中，攀缘于树上或石上。产于我国广东、海南。

利用 | 果实可作香料。

7. 麻根 *Piper magen* B. Q. Cheng ex C. L. Long & Jun Yang

形态特征 | 攀缘藤本。叶薄纸质，两型；营养叶心形，异色；叶脉5~7条，掌状，在叶腹面主蔓呈水渍状灰白色，在叶背面主蔓绿色；生殖叶绿色，椭圆形至卵形，膜质至纸质，无毛，基部不对称，一侧圆形，比另一侧长2~3 mm，楔形。花单性，雌雄异株，聚集成与叶对生的穗状花序，常直立；幼时绿色，开花时变为淡黄色。核果球形，部分没于花序轴中，表面光滑。花期4—6月；果期7—9月。

生境与分布 | 生于热带山地雨林干燥阴凉处的岩石上。仅见于我国云南省勐腊县。

利用 | 植株具有独特且浓郁的芳香气味，当地百姓常采集麻根的根和叶，干燥后作为调味料，在煮汤、炖肉时加入，增加食品的芳香风味。

8. 醉椒木 *Piper methysticum* G. Forst.
别称：卡瓦胡椒

形态特征 | 大型灌木，高可达15 m。叶片大，圆形至心形，顶端稍渐尖，叶脉11条或13条。花单性，雌雄异株，花穗腋生；雄花穗直立，花序初期呈淡绿色，逐步变为淡黄绿色至白色；雌花序初期呈淡绿色，逐步变为淡黄绿色至白色。浆果球形，密生在果序轴上，离生，尚未成熟时绿色，成熟时转为红色。种子球形，极小，深棕色。花期3—7月；果期6—10月。

生境与分布 | 常丛生于疏林林下生境中，喜肥沃、疏松土壤。原产于圣克鲁斯群岛、瓦努阿图群岛。云南西双版纳植物园和海南兴隆热带植物园有引种栽培。

利用 | 在南太平洋岛国，当地土著人取根部晒干后，磨成粉末加水，调制成一种饮料，称卡瓦酒。

卡瓦酒与我们生活中的酒是不同的，卡瓦酒不含酒精，喝了后舌尖会先麻木，继而精神镇静。根和根茎可入药，近年来醉椒木被世界上很多国家的人当作食品补充剂，用来调节压力、焦虑、抑郁等失眠问题和心理问题。

9. 胡椒 *Piper nigrum* L.
别称：黑川、白川、玉椒

形态特征 | 木质攀缘藤本；茎、枝无毛，节显著膨大，常生小根。叶厚，近革质，阔卵形至卵状长圆形，稀有近圆形，两面均无毛。花杂性，通常雌雄同株；花序与叶对生，短于叶或与叶等长。浆果球形，无柄，成熟时红色，未成熟时干后变黑色。花期集中在9—11月；果期翌年5—7月。

生境与分布 | 原产于东南亚。现广植于热带地区。我国福建、广东、广西、海南、台湾及云南等省区均有栽培。

利用 | 果实在晒干后通常可作为香料和调味料使用。

10. 裸果胡椒 *Piper nudibaccatum* Tseng

形态特征 | 攀缘藤本。叶纸质；叶脉7条，最上1对通常互生；营养叶心形；生殖叶椭圆形、长椭圆形或卵状长圆形。花单性，雌雄异株，聚集成与叶对生的穗状花序，下垂，幼时绿色，开花时变为淡黄色。果穗成熟时与其相对的叶片相等，随着授粉率的不同，果穗形态有较大差异；浆果球形，成熟时绿色，下部嵌生于花序轴中并与其合生。花期4—8月；果期7—12月。

生境与分布 | 生于山坡或沟谷密林中。产于我国云南东南至西南部，东起富宁、西至泸水以南各地。兴隆热带植物园胡椒资源圃有引种保存。

利用 | 云南当地人经常生嚼裸果胡椒果实，或者晒干用于调味。

11. 角果胡椒 *Piper pedicellatum* C. DC.

形态特征 | 直立小灌木，除花序轴外全部无毛。叶厚纸质，有显著密细腺点，形态变异较大，阔卵形、卵形或狭卵形。花单性，雌雄异株，聚集成与叶对生的穗状花序，幼时绿色，开花时变为白色，后逐渐变为浅黄色至淡绿色。果序幼时绿色，成熟时变红色；核果倒卵形，密集着生在果序轴上，由于挤压常具四角棱。花期4—5月；果期7—9月。

生境与分布 | 生于密林中，攀缘于树上，在产地常连片大面积分布。产于我国云南东南部、南部至西部（金平经西双版纳至瑞丽）。孟加拉国东部、印度及越南北部均有分布。

利用 | 叶片可以食用，根部可以榨油。

12. 桐叶胡椒 *Piper peltatum* L.
别称：盾状胡椒

形态特征 | 大型直立草本，高可达3 m。叶互生，膜质，盾状，密生褐色腺点，阔卵形或近圆形；叶片具腺点，圆形至卵形。穗状花序直立，复作伞形花序式排列。浆果三棱状，顶端截平，有腺点。周年开花结果。

生境与分布 | 广泛分布在美洲热带地区。兴隆热带植物园有引种栽培。

利用 | 该种成熟的果穗具有甜甜的味道，当地小孩会采集食用。嫩叶煮熟或蒸熟后，可与米饭一起食用，成熟叶片也被用来包装其他食物。

13. 荜拔 *Piper longum* L.

形态特征 | 攀援藤本，长达数米；枝有粗纵棱和沟槽，幼时被极细的粉状短柔毛，毛很快脱落。叶纸质，下部的卵圆形或几为肾形，向上渐次为卵形至卵状长圆形，基部阔心形，有钝圆、相等的两耳；叶脉7条，均自基出。花单性，雌雄异株，聚集成与叶对生的穗状花序；雄花序花序轴无毛，雄蕊2枚；雌花序于果期延长；总花梗和花序轴与雄花序的无异。浆果下部嵌生于花序轴中并与其合生，上部圆，顶端有脐状凸起，无毛。花期7—10月。

生境与分布 | 产于我国云南东南至西南部，福建、广东、广西和海南有栽培。尼泊尔、印度、斯里兰卡、越南及马来西亚也有分布。

利用 | 荜拔的未成熟果穗，有一种特异的香气，一般被用作香料，能够有效地去除动物原料的异味，尤其适合做卤味。

14. 假蒟 *Piper sarmentosum* Roxb.
别称：蛤蒟

形态特征 | 多年生、匍匐、逐节生根草本。叶近膜质，有细腺点，下部的阔卵形或近圆形；叶脉7条。花单性，雌雄异株，聚集成与叶对生的穗状花序；花序轴被毛。浆果近球形，具四角棱，无毛，基部嵌生于花序轴中并与其合生。花期4—11月；果期6—12月。

生境与分布 | 生于林下或村旁湿地上。产于我国福建、广东、广西、贵州、海南、西藏（墨脱）及云南。巴布亚新几内亚、菲律宾、马来西亚、印度、印度尼西亚、越南也有分布。

利用 | 叶片可以用作蔬菜和调料食用。海南当地人经常利用其叶片炒鸡蛋。

15. 缘毛胡椒 *Piper semiimmersum* C. DC.

形态特征 | 木质攀缘藤本。叶纸质，有细腺点；营养叶心形，顶端钝，基部心形；生殖叶长圆状卵形或卵状披针形。花单性，雌雄异株，聚集成与叶对生的穗状花序，下垂；幼时绿色，开花时淡黄色。浆果下部埋藏于花序轴中，上部圆，顶端有脐状突起，无毛；果实成熟时呈淡绿色，常因挤压具棱。花期1—5月；果期4—8月。

生境与分布 | 生于山谷水旁密林中或村旁湿润地。产于我国广西、贵州、西藏（墨脱）和云南。

利用 | 果实晒干后可以泡水喝。

16. 小叶爬崖香 *Piper sintenense* Hatusima

形态特征 │ 藤本，长达数米；茎、枝平卧或攀缘，节上生根。叶薄，匍匐枝的叶卵形或卵状长圆形；小枝的叶长椭圆形、长圆形或卵状披针形。花单性，雌雄异株，聚集成与叶对生的穗状花序；雌花序的苞片、花序轴与雄花序的无异。浆果倒卵形，离生。花期3—7月。

生境与分布 │ 生于疏林或山谷密林中，常攀缘于树上或石上。产于我国东南至西南部各省区，东起台湾，西至西藏。

利用 │ 全株可作香料食用。

（四）肉豆蔻科 Myristicaceae

17. 肉豆蔻 *Myristica fragrans* Houtt.

别称：玉果、肉果、豆蔻

形态特征 │ 小乔木。叶近革质，椭圆形或椭圆状披针形，先端短渐尖，基部宽楔形或近圆形，两面无毛；侧脉8～10对。雄花序着花3～20朵；雌花序较雄花序为长。果通常单生，具短柄，有时具残存的花被片。假种皮红色，至基部撕裂。种子卵珠形。花期3—6月；果期7—9月。

生境与分布 │ 原产于马鲁古群岛。热带地区广泛栽培，我国广东、海南、台湾和云南等地已引种试种。

利用 │ 本种为热带著名的香料，原产地用假种皮捣碎加入凉菜或其他腌渍品中作为调味料。

18. 云南肉豆蔻 *Myristica yunnanensis* Y. H. Li

形态特征｜乔木，高15～30 m。叶坚纸质，圆状披针形或长圆状倒披针形，先端短渐尖，基部楔形、宽楔形至近圆形。雄花序腋生或从落叶腋生出，二歧或三歧式假伞形排列，每个小花序有花3～5。果序通常着生于叶腋或落叶腋部，着成熟果1～2个；果椭圆形；假种皮成熟时深红色，撕裂至基部或成条裂状。种子卵状椭圆形。花期9—12月；果期3—6月。

生境与分布｜生于山坡或沟谷斜坡的密林中。产于我国云南南部。

利用｜假种皮可作为调味料。

（五）木兰科 Magnoliaceae

19. 白兰 *Michelia* × *alba* DC.

别称：白兰花、白缅花、白缅桂

形态特征｜常绿乔木，高达17 m。揉枝叶有芳香；嫩枝及芽密被淡黄白色微柔毛，老时毛渐脱落；叶薄革质，长椭圆形或披针状椭圆形。花白色，极香；花被片10，披针形。成熟时随着花托的延伸，形成蓇葖疏生的聚合果；蓇葖熟时鲜红色。花期4—9月，夏季盛开，通常不结果实。

生境与分布｜原产于爪哇岛。现广植于东南亚，我国福建、广东、广西、海南和云南等省区栽培极盛。

利用｜花可提取香精或熏茶，也可提制浸膏供药用；鲜叶可提取香油，称"白兰叶油"，可供调配香精。

20. 黄兰含笑 *Michelia champaca* L.
别称：黄缅桂、黄桷兰、黄玉兰

形态特征｜常绿乔木，高达10 m。叶薄革质，披针状卵形或披针状长椭圆形，先端长渐尖或近尾状，基部阔楔形或楔形。花黄色，极香，花被片15～20，倒披针形。聚合果，蓇葖倒卵状长圆形，有疣状突起。种子2～4颗。花期6—7月；果期9—10月。

生境与分布｜产于我国西藏东南部、云南南部及西南部。缅甸、尼泊尔、印度、越南也有分布。我国福建、广东、广西、海南、台湾有栽培。

利用｜花可提取芳香油或熏茶，也可浸膏入药；叶可蒸油，供调制香料用。

（六）番荔枝科 Annonaceae

21. 鹰爪花 *Artabotrys hexapetalus* (L. f.) Bhandari
别称：五爪兰、鹰爪兰、鹰爪

形态特征｜攀缘灌木，高达4 m。叶纸质，长圆形或阔披针形，顶端渐尖或急尖，基部楔形，叶面无毛。花1～2朵，淡绿色或淡黄色，芳香；花瓣长圆状披针形。果卵圆状，顶端尖，数个群集于果托上。花期5—8月；果期5—12月。

生境与分布｜生于丘陵山坡、林缘灌木丛中或荒野及山谷等地；多见于栽培，少数为野生。产于我国福建、广东、广西、海南、江西、台湾、云南和浙江等省区。

利用｜鲜花含芳香油，可提制鹰爪花浸膏，用于高级香水化妆品和皂用的香精原料，亦供熏茶用。

22. 依兰 *Cananga odorata* (Lamk.) Hook. f. et Thoms.

别称：伊兰香、大叶依兰、加拿楷

形态特征 | 常绿乔木，高可达 20 m；树干通直，树皮灰色。叶膜质至薄纸质，卵状长圆形或长椭圆形，叶面无毛，仅在叶背脉上被疏短柔毛。花序单生于叶腋，花大，黄绿色，芳香；花梗被短柔毛，具鳞片状苞片；萼片卵形，外反，绿色；花瓣线形或线状披针形。果近圆球状或卵状，黑色。花期 4—8 月；果期 12 月至翌年 3 月。

生境与分布 | 产于菲律宾、马来西亚、缅甸和印度尼西亚等地。世界各热带地区均有栽培，我国福建、广东、广西、海南、四川、台湾、云南等省区也有栽培。

利用 | 花有浓郁香气，可提取高级香精油，称"依兰"油及"加拿楷"油；亦可作观赏植物。

23. 小依兰 *Cananga odorata* var. *fruticosa* (Craib) Sincl.

别称：小夷兰、小伊兰、矮依兰

形态特征 | 本变种与原变种的区别在于该种为灌木，植株矮小，高 1～2 m。花香气较淡。花期 5—8 月。

生境与分布 | 原产于马来西亚、泰国和印度尼西亚。我国福建、广东、云南均有栽培。

利用 | 可提取高级香精油，称"依兰"油。

24. 假鹰爪 *Desmos chinensis* Lour.
别称：灯笼草、山指甲、酒饼叶

形态特征｜攀缘灌木，高达4 m。叶薄纸质或膜质，长圆形或椭圆形。花单朵与叶对生或互生，黄白色；外轮花瓣比内轮花瓣大，长圆形或长圆状披针形。果椭圆形或念珠状。种子球状。花期4—10月；果期6—12月。

生境与分布｜生于山谷中的荒地和灌木丛。产于我国广东、广西、贵州南部、海南、云南东南部。不丹、菲律宾、柬埔寨、老挝、马来西亚、尼泊尔、泰国、印度、印度尼西亚、越南也有分布。

利用｜鲜花含芳香油。

（七）樟科 Lauraceae

25. 华南桂 *Cinnamomum austrosinense* H. T. Chang
别称：华南樟、肉桂、野桂皮

形态特征｜乔木，高可达16 m。叶薄革质或革质，三出脉或近离基三出脉，近对生或互生，椭圆形，先端急尖，基部钝；叶上面幼时被灰褐色微柔毛，下面密被灰褐色贴伏的微柔毛。圆锥花序腋生于新枝，花黄绿色；花梗与花被两面均被灰褐色微柔毛；花被裂片卵圆形。果椭圆形，果托浅杯状，边缘具浅齿。花期5—8月；果期5—12月。

生境与分布｜生于山坡或溪边的常绿阔叶林中或灌丛中。产于我国福建、广东、广西、江西、浙江等省区。

利用｜树皮、枝、叶、果、花梗等部位可用于制作熏香原料。

26. 钝叶桂 *Cinnamomum bejolghota* (Buch.-Ham.) Sweet
别称：钝叶楠、山玉桂、钝叶樟

形态特征 | 小至大乔木，高5～25 m。叶硬革质，三出脉或离基三出脉，近对生，椭圆状长圆形，近对生，椭圆状长圆形；叶两面无毛。圆锥花序腋生于枝条上部，多花而密集，花黄色；花被裂片卵状长圆形。果椭圆形，果托稍增大，倒圆锥形，边缘具齿。花期3—4月；果期5—7月。

生境与分布 | 生于山坡、沟谷的疏林或密林中，海拔600～1 780 m。产于我国广东南部、云南南部。

利用 | 叶、根、树皮可提制芳香油；将树皮捣碎后可以制作香粉。

27. 阴香 *Cinnamomum burmanni* (Nees & T. Nees) Blume
别称：大叶樟、八角、香桂

形态特征 | 乔木，高达14 m。叶革质，离基三出脉，互生或近对生，稀对生，卵圆形、长圆形至披针形，先端短渐尖，基部宽楔形；叶两面无毛。圆锥花序腋生或近顶生，少花，绿白色；花被裂片长圆状卵圆形。果卵球形，果托边缘具齿。花期秋冬季；果期冬末至翌年春季。

生境与分布 | 生于疏林、密林、灌丛、溪边或路旁，海拔100～1 400 m（于云南可达2 100 m）；常见栽培。产于我国福建、广东、广西及云南。

利用 | 树皮、叶、根均可提制芳香油，用于制作食用香精、皂用香精和化妆品；叶可代替月桂树的叶作为腌菜及肉类罐头的香料。

28. 樟树 *Cinnamomum camphora* (L.) Presl
别称：小叶樟、樟木子、香樟

形态特征 | 乔木，高可达30 m。叶薄革质，离基三出脉，互生，卵状椭圆形，先端急尖，基部宽楔形至近圆形；叶两面无毛或下面幼时稀被微柔毛。圆锥花序腋生，花绿白色或偏黄；花被裂片椭圆形。果近球形，果托杯状，边缘截平。花期4—5月；果期8—11月。

生境与分布 | 生于山坡或沟谷中；常见栽培。产于我国南方及西南各省区。

利用 | 木材及根、枝、叶可提取樟脑和樟油，樟脑和樟油供医药及香料工业用。

29. 肉桂 *Cinnamomum cassia* (L.) D. Don
别称：桂皮、桂枝、玉桂

形态特征 | 乔木。叶革质，离基三出脉，互生或近对生，长椭圆形至近披针形，先端稍急尖，基部急尖；叶上面无毛，下面疏被黄色短茸毛。圆锥花序腋生或近顶生，花白色；花被裂片卵状长圆形。果椭圆形，果托浅杯状，边缘有时略具齿。花期6—8月；果期10—12月。

生境与分布 | 原产于中国。我国福建、广东、广西、台湾、云南等省区广为栽培。

利用 | 树皮、枝、叶、花、果、花梗可提制桂油，为合成桂酸等香料的重要原料，或可用作化妆品原料，亦供巧克力及香烟配料；桂皮粉作为香料在西方国家和地区通常用于烘焙、甜品、咖啡和腌制肉类食品。

30. 云南樟 *Cinnamomum glanduliferum* (Wall.) Nees
别称：香叶树、白樟、香樟

形态特征 | 乔木，高可达 20 m。叶革质，羽状脉或偶有近离基三出脉，互生，椭圆形至卵状椭圆形或披针形，先端急尖至短渐尖，基部楔形至近圆形，有时偏斜；叶上面无毛，下面多少被微柔毛。圆锥花序腋生，花淡黄色；花被裂片宽卵圆形。果球形，果托狭长倒锥形，边缘波状。花期 3—5 月；果期 7—9 月。

生境与分布 | 生于山地常绿阔叶林中。产于我国贵州、四川、西藏及云南。

利用 | 枝、叶可用于提取樟油和樟脑。

31. 兰屿肉桂 *Cinnamomum kotoense* Kanehira et Sasaki
别称：平安树

形态特征 | 乔木，高达 15 m；小枝褐色，圆柱形，无毛。叶革质，离基三出脉，侧脉自叶基约 1 cm 处生出，叶对生或近对生，卵圆形至长圆状卵圆形；叶两面无毛。花未见。果卵球形，果托杯状，边缘具短圆齿。果期 8—9 月。

生境与分布 | 生于林中；常见栽培。产于我国台湾。

利用 | 树皮、枝、叶可提取樟脑和樟油，樟脑和樟油供医药及香料工业用。

32. 黄樟 *Camphora parthenoxylon* (Jack) Nees
别称：冰片树、臭樟、香樟

形态特征 | 乔木，高可达20 m。叶革质，羽状脉，互生，椭圆状卵形或长椭圆状卵形，先端急尖或短渐尖，基部楔形或阔楔形；叶两面无毛，或仅在下面腺窝处具簇毛。圆锥花序腋生于枝条上部或近顶生，花黄绿色；花被裂片宽长椭圆形。果球形，果托狭长倒锥形，有纵向条纹。花期3—5月；果期4—10月。

生境与分布 | 生于常绿阔叶林或灌木丛中，海拔1 500 m以下。产于我国福建、广东、广西、贵州、湖南、江西、四川、云南。

利用 | 枝、叶、根、树皮、木材可用于蒸制樟油和提制樟脑，樟油是调配各种香精不可缺少的原料。

33. 少花桂 *Cinnamomum pauciflorum* Chun ex Hung T. Chang
别称：土桂皮、臭樟、香桂

形态特征 | 乔木，高可达14 m。叶厚革质，三出脉或离基三出脉，互生，先端短渐尖，基部宽楔形至近圆形；叶上面无毛，下面幼时多少被灰白色短丝毛，老时脱落。圆锥花序腋生，花黄白色；花被裂片长圆形。果椭圆形，果托浅杯状，边缘具圆齿。花期3—8月；果期9—10月。

生境与分布 | 生于石灰岩或砂岩上的山地或山谷疏林或密林中。产于我国广东、广西、贵州、湖北、湖南、四川、云南。

利用 | 该物种树皮、枝、叶片的芳香油中含黄樟油素相当高，在香料工业应用上价值较大。

34. 香桂 *Cinnamomum subavenium* Miq.
别称：假桂皮、月桂、香树皮

形态特征｜乔木，高可达20 m。叶革质，三出脉或离基三出脉，在幼枝上近对生而在老枝上互生，先端渐尖或短尖，基部楔形至圆形；叶两面幼时被黄色短绢状毛，老时渐疏但在下面仍清晰可见。圆锥花序腋生，花黄白色。果椭圆形，果托杯状，全缘。花期6—7月；果期8—10月。

生境与分布｜生于山坡或山谷的常绿阔叶林中，海拔400～2 500 m。产于我国安徽、福建、广东、广西、贵州、湖北、江西、四川、台湾、云南及浙江等省区。

利用｜树皮、叶片可用于提取香油，香油可单离丁香酚用作配制食品及烟用香精；香桂皮油可用作化妆用及牙膏用的香精原料；香桂叶则是罐头食品的重要配料，能增加食品香味并让香味经久不败。

35. 锡兰肉桂 *Cinnamomum verum* J. Presl

形态特征｜常绿小乔木，高达10 m。叶革质或近革质，离基三出脉，常对生，卵圆形或卵状披针形，顶端渐尖，基部锐尖；叶两面无毛。圆锥花序腋生及顶生，被绢状微柔毛；花黄绿色；花被裂片长圆形，外面被灰色微柔毛。果卵球形；果托杯状，增大，先端具齿裂，齿先端截形或锐尖。花期2—4月；果期5—7月。

生境与分布｜原产于斯里兰卡。热带亚洲各国多有栽培，我国广东、海南及台湾有栽培。

利用｜树皮、枝与叶含芳香油，可用作香料。

36. 香叶树 *Lindera communis* Hemsl.
别称：大香叶、香叶子、野木姜子

形态特征｜常绿灌木或小乔木，高3～4 m。叶薄革质至厚革质，羽状脉，互生，披针形、卵形或椭圆形，顶端渐尖、急尖至骤尖，基部宽楔形或近圆形；叶上面无毛，下面幼时被柔毛，后渐脱落。伞形花序腋生，具5～8朵花；花单性，黄白色；花被裂片卵形，先端圆形。果卵形，成熟时红色。花期3—4月；果期9—10月。

生境与分布｜生于干燥沙质土壤，散生或混生于常绿阔叶林中。产于我国福建、甘肃、广东、广西、贵州、湖北、湖南、江西、陕西、四川、台湾、云南、浙江等省区。中南半岛也有分布。

利用｜叶片可提取芳香油作香料原料。

37. 山鸡椒 *Litsea cubeba* (Lour.) Pers.
别称：山胡椒、山姜子、山苍子

形态特征｜落叶灌木或小乔木，高可达10 m。叶纸质，羽状脉，互生，披针形或长圆形，顶端渐尖，基部楔形；叶两面无毛。伞形花序单生或簇生于叶腋，具4～6朵花；花单性，黄绿色；花被裂片宽卵形。果近球形，成熟时红色。花期2—3月；果期7—8月。

生境与分布｜常见生于向阳的山地或林中路旁，海拔500～3 200 m。产于我国安徽、福建、广东、广西、贵州、湖北、湖南、江苏、江西、四川、台湾、西藏、云南、浙江等省区。东南亚各国也有分布。

利用｜根、茎、叶、果实可用于提取柠檬醛，可用于医药制品和配制香精。

38. 木姜子 *Litsea pungens* Hemsl.
别称：辣姜子、山胡椒、山苍子

形态特征｜落叶小乔木，高达10 m。叶膜质，羽状脉，互生，常聚生于枝顶，披针形或倒卵状披针形，顶端短尖，基部楔形；叶上面无毛，下面幼时被绢状柔毛，后逐渐脱落。伞形花序腋生，具8～12朵花；花黄色；花被裂片倒卵形。果球形，成熟时蓝黑色。花期3—5月；果期7—9月。

生境与分布｜常见生于山地阳坡或溪旁。我国海南有分布。

利用｜果含芳香油，可作食用香精和化妆香精。

（八）菖蒲科 Acoraceae

39. 金钱蒲 *Acorus gramineus* Soland.
别称：香草、水蜈蚣、野韭菜

形态特征｜多年生草本，高约20 cm；根茎横走，粗壮。叶革质，线形，顶端长渐尖，叶基对折，两侧具膜质叶鞘；叶两面无毛。肉穗花序黄绿色，圆柱形；叶状佛焰苞长度多少大于花序。果黄绿色，先端具短喙。花期5—6月；果期7—8月。

生境与分布｜生于水旁湿地或石上。我国海南有分布。

利用｜叶片芳香，可作香料。

（九）露兜树科 Pandanaceae

40. 香露兜 *Pandanus amaryllifolius* Roxb.

别称：板兰香、斑斓叶

形态特征 | 常绿草本。叶革质，长剑形，顶端急尖，基部具叶鞘，叶鞘有窄白膜；叶两面无毛，叶缘偶有微刺，叶尖刺稍密。花果未见。

生境与分布 | 原产于马鲁古群岛。我国海南有引种栽培。

利用 | 叶作为香料可以加入到菜肴中调味。

（十）兰科 Orchidaceae

41. 铁皮石斛 *Dendrobium officinale* Kimura et Migo

别称：云南铁皮、黑节草

形态特征 | 多年生草本，长9～35 cm。叶纸质，长圆状披针形，顶端钝且多少钩转，基部楔形；叶两面无毛。花序总状，着花2～3朵，黄绿色；萼片与花瓣长圆状披针形；唇瓣卵状披针形。果未见。花期3—6月。

生境与分布 | 生于山地半阴湿的岩石上。产于我国安徽、福建、广西、四川、云南、浙江等省区。

利用 | 全株可做茶饮，有较高营养价值。

42. 大王香荚兰 *Vanilla imperialis* Kraenzl.
别称：帝王香荚兰

形态特征｜多年生附生藤本。叶肉质，单叶互生，宽椭圆状长圆形至卵形，顶端细尖或微钝，基部楔形，叶柄近无；叶两面无毛。总状花序腋生，密集多花；萼片与花瓣近等长，倒披针形，乳黄色或黄绿色；唇瓣漏斗状，紫红色。果柱状，基部表面具不明显的棱或凹槽。花期4—6月；果期5—8月。

生境与分布｜附生于林下树干上或岩石上。产于刚果、加纳、喀麦隆、科特迪瓦、坦桑尼亚、乌干达等国家。

利用｜果实含香兰素等多种具芳香的化学成分，可用作高档食品的香料。

43. 香荚兰 *Vanilla planifolia* Andrews
别称：香草兰

形态特征｜多年生附生藤本。叶肉质，单叶互生，长椭圆或披针形，顶端渐尖，基部楔形，叶柄近无；叶两面无毛。总状花序腋生，着花20～30朵；萼片与花瓣近等长，倒披针形，黄绿色；唇瓣漏斗状，黄绿色或黄褐色。果柱状，长10～25 cm。花期3—6月；果期6—9月。

生境与分布｜附生于林下树干上或岩石上。原产于美洲。

利用｜果实含香兰素等多种具芳香的化学成分，可用作高档食品的香料。

（十一）鸢尾科 Iridaceae

44. 红葱 *Eleutherine plicata* Herb.

别称：小红蒜

形态特征 | 多年生草本。叶纸质，质地柔嫩，具4~5条平行的纵脉；叶宽披针形或宽条形，顶端渐尖，基部楔形；叶两面无毛。花序为伞形花序状的聚伞花序，花白色；花被片6，倒披针形。果长椭圆形。花期5—6月；果期6—8月。

生境与分布 | 生于丘陵山坡等排水性良好的沙壤地；多见于栽培。原产于西印度群岛。

利用 | 鳞茎可作为特殊香料煮食或者与肉一起炖汤。

45. 香雪兰 *Freesia refracta* Klatt

别称：菖蒲兰、小菖兰、香水兰

形态特征 | 多年生草本。叶纸质，中脉明显，剑形或条形，略弯曲，顶端急尖，基部楔形；叶面无毛。花淡黄色或黄绿色，芳香；花被裂片6，2轮排列，外轮花被裂片卵圆形或椭圆形，内轮花被裂片略短而狭。果近卵圆状，室背开裂。花期4—5月；果期6—9月。

生境与分布 | 生于开阔的山谷以及丘陵山坡等地。原产于非洲南部。

利用 | 花可提取香精，用于香水、化妆品加工。

46. 香根鸢尾 *Iris pallida* Lamarck Encycl

形态特征 | 多年生草本。叶厚纸质，两侧被有白粉，无明显叶脉；叶剑形，顶端短渐尖，基部鞘状；叶两面无毛。花蓝紫色、淡紫色或紫红色；外花被裂片椭圆形或倒卵形，中脉密毛状附属物，内花被裂片圆形或倒卵形。果卵圆状圆柱形，顶端钝，成熟时开裂为3瓣。花期5—8月；果期5—12月。

生境与分布 | 生于丘陵山坡等排水性良好的沙壤地。原产于欧洲。

利用 | 根状茎可提取香料，用于制造化妆品或作为药品的矫味剂和日用化工品的调香、定香剂。

（十二）石蒜科 Amaryllidaceae

47. 洋葱 *Allium cepa* L.

别称：圆葱

形态特征 | 鳞茎近球状、卵球形或扁球形，外皮紫红色至黄色，纸质，内皮肥厚，肉质。叶纸质，圆筒状，中空，中部以下最粗，向上渐狭。花葶粗壮，高于叶，圆筒状，中空；伞形花序球状，密集多花；花粉白色；花被片矩圆状卵形，具绿色中脉。果近球形。花果期5—7月。

生境与分布 | 原产于亚洲西部。

利用 | 鳞茎常作调味品或蔬菜。

48. 薤头 *Allium chinense* G. Don
别称：薤、荞头

形态特征 | 鳞茎数枚聚生，狭卵状，外皮白色或带红色，膜质。叶纸质，圆筒状，中空。花葶与叶近等长，圆筒状，中空；伞形花序半球状，较松散，多花；花淡紫色至暗紫色；花被片6，2轮排列，宽椭圆形至近圆形，顶端钝圆，内轮花被片略长于外轮。果卵球形。花果期10—11月。

生境与分布 | 生于丘陵山坡、林缘路旁等；多为栽培。原产于我国安徽、福建、广东、广西、贵州、海南、湖北、湖南、江西及浙江。

利用 | 全株供食用，具葱香味，味辣、甜，质脆嫩，可作为调味香料用于烹饪。

49. 葱 *Allium fistulosum* L.
别称：北葱

形态特征 | 鳞茎单生，圆柱状或卵状圆柱状，外皮白色至淡红褐色，膜质至薄革质。叶纸质，圆筒状，中空向顶端渐狭。花葶与叶近等长，圆筒状，中空；伞形花序球状，较松散，多花；花白色；花被片6，2轮排列，近卵形，先端渐尖，具反折的尖头，内轮花被片略长于外轮。果卵球形。花果期4—7月。

生境与分布 | 可能原产于中国西部。广泛栽培于我国各省地区。

利用 | 全株供食用，具葱香味，味辣、甜，质脆嫩，可作为调味香料用于烹饪。

50. 蒜 *Allium sativum* L.
别称：胡蒜、蒜头、大蒜

形态特征｜鳞茎数枚紧密聚生，球状或扁球状，外皮白色至浅紫色，膜质。叶纸质，宽条形至条状披针形，扁平，先端长渐尖。花葶高于叶，圆柱状，实心；伞形花序具珠芽，多花；花白色至淡红色；花被片6，2轮排列，披针形至卵状披针形，内轮花被片略长于外轮。果近球形。花果期7—10月。

生境与分布｜原产于亚洲西部或欧洲。我国广泛栽培。

利用｜鳞茎、幼苗及花葶供食用，味辛辣，质脆嫩，可作为调味香料用于烹饪。

51. 韭 *Allium tuberosum* Rottler ex Sprengle
别称：韭菜、久菜

形态特征｜鳞茎簇生，近圆柱状，外皮暗黄色至黄褐色，破裂成纤维状。叶纸质，条形，扁平，先端急尖。花葶高于叶，圆柱状，常具2纵棱；伞形花序半球状或近球状，较松散，多花；花白色；花被片6，2轮排列，内轮花被片矩圆状倒卵形或矩圆状卵形，外轮花被片常较窄。果倒圆锥状球形，具明显的三圆棱。花果期7—9月。

生境与分布｜原产于亚洲西部或欧洲。我国广泛栽培。

利用｜叶、花葶、花供食用，亦可作为调味料用于烹饪。

（十三）棕榈科 Arecaceae

52. 椰子 *Cocos nucifera* L.

别称：椰树

形态特征｜植株高大，乔木状；茎有环状叶痕。叶羽状全裂，革质，裂片线状披针形，向外折叠，顶端渐尖。花序腋生，多分支，佛焰苞纺锤形，厚木质；雄花萼片鳞片状，花瓣卵状长圆形；雌花基部具数枚小苞片，萼片阔圆形，花瓣与萼片相似，但较小。果卵球状或近球形，顶端微具三棱。花果期主要在秋季。

生境与分布｜热带沿海地区广布。

利用｜椰子水可作饮料；成熟的椰肉可榨油，或用于加工成各种糖果、糕点。

53. 油棕 *Elaeis guineensis* Jacq.

别称：油椰子

形态特征｜植株高大，乔木状。叶羽状全裂，革质，裂片线状披针形，向外折叠，下部裂片退化成针刺状。花序腋生，多分支，佛焰苞纺锤形，厚木质；花雌雄同株异序，雄花序由多个指状的穗状花序组成，雄花萼片与花瓣长圆形，顶端急尖；雌花序近头状，雌花萼片与花瓣卵形或卵状长圆形。果卵球形或倒卵球形，熟时橙红色。花期6月；果期9月。

生境与分布｜原产于非洲热带地区。我国海南、云南等地有栽培。

利用｜果实可制造优质香皂等；花序成熟后，流出的液汁还可以酿酒。

（十四）闭鞘姜科 Costaceae

54. 闭鞘姜 *Hellenia speciosa* (J. Koenig) S. R. Dutta
别称：水蕉花、广商陆、雷公笋

形态特征 | 多年生草本，高可达 3 m；枝顶部常分枝，旋卷。叶长圆形或披针形，顶端渐尖或尾状渐尖，基部近圆形；叶背密被绢毛。穗状花序顶生，花白色或顶部带红色，唇瓣宽喇叭形，顶端具裂齿及皱波状；苞片卵形，红色，被短柔毛。蒴果稍木质，红色。花期7—9月；果期9—11月。

生境与分布 | 原产于我国广东、广西、台湾、云南等省区。亚洲热带地区广泛分布。

利用 | 根状茎具香味，可制香料。

（十五）姜科 Zingiberaceae

55. 小花山姜 *Alpinia brevis* T. L. Wu et S. J. Chen

形态特征 | 多年生草本，高可达 2 m。叶片线状披针形，顶端尾状渐尖，基部渐狭或钝；叶无毛或叶背疏被长柔毛；叶舌顶端截平，密被长柔毛；叶鞘边缘疏被长柔毛。总状花序顶生，花白色或略带粉红色，唇瓣卵形，具红色脉纹，边缘不规则缺刻。果球形。花期8月；果期12月。

生境与分布 | 生于密林下。产于我国广东、广西、海南、云南等省区。

利用 | 根状茎具香味，可制香料。

56. 节鞭山姜 *Alpinia conchigera* Griffith

形态特征 | 多年生草本，高可达2 m。叶片披针形，顶端急尖，基部钝；叶缘及叶背中脉被短柔毛；叶舌全缘，被茸毛或无。圆锥花序顶生，花呈蝎尾状聚伞式排列，花冠白色或淡青绿色，外被毛，唇瓣倒卵形，淡黄色或粉红色，具红条纹。果球形。花期5—7月；果期9—12月。

生境与分布 | 生于密林下或疏阴处。产于我国云南，海南有引种栽培。

利用 | 根状茎具香味，可制香料；果实具香味，可作调味料。

57. 革叶山姜 *Alpinia coriacea* T. L. Wu et S. J. Chen

形态特征 | 多年生草本，高可达60 cm。叶片革质，椭圆形或卵状椭圆形，顶端尾状渐尖，尖头背面被短柔毛；叶舌2裂，圆形，具缘毛。穗状花序稠密，顶生，花冠白色，裂片长圆形，唇瓣长圆形，淡绿色，具紫红色脉纹，顶端微凹；花萼淡绿色，密被长柔毛。果卵圆形。花果期6—8月。

生境与分布 | 生于密林下或疏阴处。产于我国海南。

利用 | 根状茎具香味，可制香料。

58. 红豆蔻 *Alpinia galanga* (L.) Willd.
别称：大高良姜、红蔻、大良姜

形态特征｜多年生草本，高可达2 m。叶长圆形或披针形，顶端短尖或渐尖，基部渐狭；叶两面无毛或背面被长柔毛；叶舌近圆形。圆锥花序密生多花，顶生，花序轴被毛；花绿白色，有异味，花冠裂片长圆形，唇瓣倒卵状匙形，白色，具红色脉纹，顶端深2裂；花萼筒状，在果期宿存。果长圆形。花期5—8月；果期9—11月。

生境与分布｜生于山野沟谷阴湿林下或灌木丛中和草丛中。产于我国福建、广东、广西、海南、台湾、云南等省区。

利用｜根状茎具香味，可制香料；果实具香味，可作调味料。

59. 海南山姜 *Alpinia hainanensis* K. Schumann
别称：草蔻、小草蔻、开南山姜

形态特征｜多年生草本，高可达3 m。叶带状，顶端尾状渐尖，尖头旋卷，基部渐狭；叶两面无毛；叶舌膜质，顶端急尖。总状花序顶生，花序轴"之"字形，被黄色、稍粗硬的绢毛；花冠白色或带粉红，唇瓣倒卵形，黄色，具红色脉纹，顶端浅2裂；花萼钟状，顶端具2齿，外被黄色长柔毛，具缘毛。果长圆形。花期4—6月；果期5—8月。

生境与分布｜生于林下。产于我国广东、广西、海南。

利用｜果实具香味，可作调味料。

60. 山姜 *Alpinia japonica* (Thunb.) Miq.

别称：和山姜、箭杆风、福建土砂仁

形态特征｜多年生草本，高可达70 cm。叶披针形、倒披针形或狭长椭圆形，两端渐尖，顶端具小尖头；叶两面被短柔毛；叶舌2裂，被短柔毛。总状花序顶生，花序轴密被茸毛；花常2朵聚生，花冠白色或带粉红色，唇瓣卵形，白色，具红色脉纹，顶端2裂，顶端不规则缺刻；花萼棒状，被短柔毛，顶端3齿裂。果球形或椭圆形，被短柔毛，熟时橙红色，顶具宿存萼筒。花期4—8月；果期7—12月。

生境与分布｜生于林下阴湿处。产于我国东南部、南部至西南部各省区。

利用｜根状茎具香味，可制香料；果实具香味，可作调味料。

61. 假益智 *Alpinia maclurei* Merr.

形态特征｜多年生草本，高可达2 m。叶披针形或倒披针形，顶端尾状渐尖，基部渐狭；叶背被短柔毛；叶舌2裂，被茸毛。圆锥花序直立顶生，花序轴被灰色短柔毛；花常3～5朵聚生，花冠白色或带粉红色，唇瓣长圆状卵形，反折，白色浅黄色，具红色脉纹；花萼管状，被短柔毛，顶端具3圆齿。果球形，无毛。花期3—7月；果期4—10月。

生境与分布｜生于山地疏或密林中。产于我国广东、广西、海南、云南。

利用｜根状茎具香味，可制香料。

62. 黑果山姜 *Alpinia nigra* (Gaertn.) Burtt

形态特征 | 多年生草本，高可达3 m。叶披针形或椭圆状披针形，两端急尖；叶两面无毛；叶舌无毛。圆锥花序顶生，分枝开展，花序轴被茸毛；花冠白色或带粉红色，花冠裂片长圆形，外被短柔毛；唇瓣倒卵形，顶端2裂，基部具瓣柄反折，粉红色；花萼筒状，一侧斜裂至2/3处，外被短柔毛。果球形，无毛，成熟后黑色。花果期7—8月。

生境与分布 | 生于密林中阴湿之地。产于我国云南。印度至斯里兰卡亦有分布。海南有引种栽培。

利用 | 根状茎具香味，可制香料。

63. 华山姜 *Alpinia oblongifolia* Hayata
别称：箭杆风、廉姜

形态特征 | 多年生草本，高可达1 m。叶披针形或卵状披针形，顶端渐尖或尾状渐尖，基部渐狭；叶两面无毛；叶舌膜质，2裂，具缘毛。圆锥花序顶生，分枝短；花冠白色或带粉红色，花冠裂片长圆形，后方的1枚稍大，兜状；唇瓣卵形，顶端微凹，白色，带粉红色或红色条纹；花萼管状，顶端具3齿。果球形，无毛，成熟后红色。花期5—7月；果期6—12月。

生境与分布 | 生于林下。产于我国东南部至西南部各省区。越南、老挝亦有分布。

利用 | 根状茎具香味，可制香料。

64. 高良姜 *Alpinia officinarum* Hance

别称：南姜

形态特征 | 多年生草本，高可达1 m；根茎延长，圆柱形。叶线形，顶端尾尖，基部渐狭；叶两面无毛；叶舌膜质，披针形。总状花序直立顶生，花序轴被茸毛；花冠白色或带粉红色，花冠裂片长圆形，后方的1枚兜状；唇瓣卵形，顶端微凹，白色或带粉红色，具红色条纹；花萼管状，顶端3齿裂，被短柔毛。果球形，成熟后红色。花期4—9月；果期5—11月。

生境与分布 | 生于荒坡灌丛或疏林中。产于我国广东、广西、海南。

利用 | 根状茎具香味，可制香料。

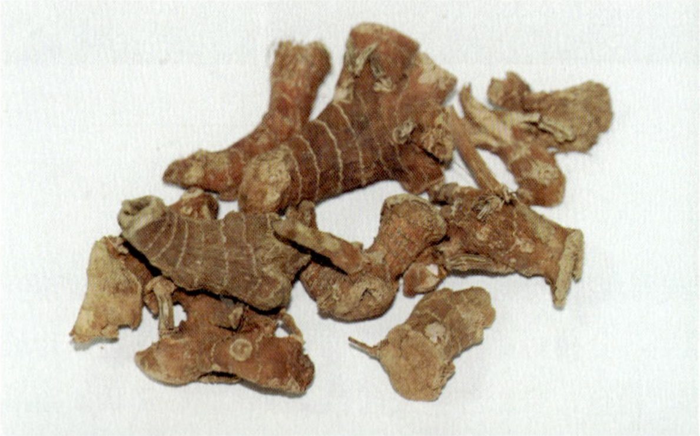

65. 益智 *Alpinia oxyphylla* Miq.
别称：益智仁、益智子

形态特征｜多年生草本，高可达3 m；根茎短。叶披针形，顶端渐狭，具尾尖，基部近圆形；叶缘具刚毛或无；叶舌膜质，2裂。总状花序直立顶生，总苞片帽状，脱落，花序轴被极短的柔毛；花冠白色或带粉红色，花冠裂片长圆形，后方的1枚稍大；唇瓣倒卵形，顶端微凹，粉白色，具红色脉纹；花萼筒状，一侧开裂至中部，先端具3齿裂，外被短柔毛。果球形，被短柔毛。花期3—5月；果期4—9月。

生境与分布｜生于林下阴湿处。产于我国广东、广西、海南。

利用｜果实具香味，可制香料、蜜饯、茶饮。

66. 多花山姜 *Alpinia polyantha* D. Fang

形态特征 | 多年生草本，高可达4.6 m；根茎粗。叶披针形至椭圆形，顶端渐尖，基部楔形；叶背被茸毛或无；叶舌厚，2裂，密被茸毛；叶鞘具粗条纹，密被茸毛。圆锥花序直立顶生，花序轴密被茸毛；花冠乳黄色或橙黄色，花冠裂片长圆形；唇瓣近圆形至长圆形，顶端具2枚尖齿，黄色，具紫红色脉纹；花萼红色，具3钝齿，一侧浅裂。果球形，被茸毛。花期5—6月；果期10—11月。

生境与分布 | 生于林下山坡。产于我国广西、云南。

利用 | 根状茎具香味，可制香料。

67. 红山姜 *Alpinia purpurata* (Vieill.) K. Schum.

别称：红花月桃

形态特征 | 多年生草本，高可达2.5 m。叶披针形，两端渐尖；叶两面无毛；叶舌全缘，无毛。总状花序直立顶生，苞片宽倒卵形或长圆形，红色；花单生或对生，花冠白色，花冠裂片长圆形；唇瓣短，顶端2裂，皱波状；花萼狭管状，顶端具2尖齿，一侧开裂。果三棱形，成熟时红色，无毛。花果期2—8月。

生境与分布 | 原产于新几内亚岛、所罗门群岛、印度尼西亚群岛等太平洋岛屿。

利用 | 根状茎具香味，可制香料。

68. 皱叶山姜 *Alpinia rugosa* S. J. Chen & Z. Y. Chen

形态特征 | 多年生草本，高可达1.2 m。叶长圆状披针形，极皱；叶正面无毛或被脱落性短柔毛，背面密被短柔毛；叶舌革质，2裂，被粗毛；叶鞘具粗条纹，呈方格状，被柔毛。总状花序直立顶生，花序轴密被黄色粗毛；花冠白色或带粉红色，花冠裂片倒卵状长圆形；唇瓣卵形，橙黄色，具红色脉纹；花萼管状，粉红色至红色，一侧开裂至中部，外面被黄色粗毛。果球形，被茸毛。花期3—5月；果期8—10月。

生境与分布 | 生于林下山坡。产于我国海南。

利用 | 根状茎具香味，可制香料。

69. 艳山姜 *Alpinia zerumbet* (Pers.) B. L. Burtt & R. M. Sm.

别称：红团叶、糕叶、花叶良姜

形态特征 | 多年生草本，高可达3 m。叶披针形，顶端渐尖，尖头旋卷，基部渐狭；叶两面无毛，或具缘毛；叶舌被毛。圆锥花序呈总状花序式，下垂，花序轴紫红色，被茸毛；花乳白色或在顶端带粉红色，花冠裂片长圆形；唇瓣匙状宽卵形，顶端皱波状，黄色，具紫红色脉纹；花萼近钟状，白色或在顶端带粉红色，一侧开裂，顶端齿裂。果卵球形，被稀疏的粗毛，具条纹。花期4—6月；果期7—10月。

生境与分布 | 生于林下山坡。产于我国东南部至西南部各省区。

利用 | 花芳香，可制香料。

70. 花叶艳山姜 *Alpinia zerumbet* 'Variegata'

形态特征 | 多年生草本，高可达3 m。叶披针形，顶端渐尖，尖头旋卷，基部渐狭，叶面具黄色斑块，两面无毛，或具缘毛；叶舌被毛。圆锥花序呈总状花序式，下垂，花序轴紫红色，被茸毛；花乳白色或在顶端带粉红色，花冠裂片长圆形；唇瓣匙状宽卵形，顶端皱波状，黄色，具紫红色脉纹；花萼近钟状，白色或在顶端带粉红色，一侧开裂，顶端齿裂。果卵球形，被稀疏的粗毛，具条纹。花期4—6月；果期7—10月。

生境与分布 | 我国东南部至西南部各省区多栽培。

利用 | 花芳香，可制香料。

71. 海南假砂仁 *Amomum chinense* Chun

形态特征 | 多年生草本，高可达1.5 m。叶长圆形或椭圆形，顶端尾状渐尖，基部急尖；叶两面无毛；叶舌膜质，紫红色，浅2裂，无毛；叶鞘具凹陷、方格状网纹。穗状花序陀螺状；花冠白色，花冠裂片倒披针形；唇瓣三角状卵形，白色，具黄色与红色斑纹；花萼管状，顶端具3齿，基部被柔毛，带红色。果椭圆形，被短柔毛及片状、分枝柔刺。花期4—5月；果期6—8月。

生境与分布 | 生于林下。产于我国海南。

利用 | 果实具香味，可作调味料。

72. 爪哇白豆蔻 *Amomum compactum* Solander ex Maton
别称： 白豆蔻

形态特征 | 多年生草本，高可达1.5 m。叶披针形，顶端尾状渐尖；叶两面无毛，具缘毛；叶舌2裂，圆形，幼时被疏长毛，后逐渐脱落至疏缘毛；叶鞘无毛。穗状花序圆柱形；花冠白色至乳黄色，花冠裂片长圆形；唇瓣椭圆形，顶端微凹，白色至乳黄色，具黄色与红色斑纹；花萼管状，被毛。果扁球形，被疏长毛。花期2—5月；果期6—8月。

生境与分布 | 原产于印度尼西亚。

利用 | 果实具香味，可作调味料。

73. 荽味砂仁 *Amomum coriandriodorum* S. Q. Tong & Y. M. Xia

形态特征 | 多年生草本，高可达1.7 m。叶椭圆形或狭椭圆形，顶端渐尖或尾状渐尖，基部楔形或渐狭；叶两面无毛；叶舌带褐色，全缘，无毛。穗状花序近倒卵形；花冠黄色，花冠裂片长圆形或倒卵状长圆形，先端钝；唇瓣椭圆形至宽卵形，边缘皱波状，黄色，具橙红色斑纹；花萼管状，红色，顶端具3钝齿。果椭球形，紫红色。花期5月；果期7月。

生境与分布 | 生于林下。产于我国云南。

利用 | 叶片有芫荽的气味，可作香料。

74. 泰国白豆蔻 *Amomum kravanh* Pierre ex Gagnep.

别称：白豆蔻

形态特征 | 多年生草本，高可达3 m。叶卵状披针形，顶端尾状渐尖；叶两面无毛；叶舌圆形，密被长粗毛；叶鞘口密被长粗毛。穗状花序圆柱形或圆锥形；花冠白色至乳黄色，花冠裂片长椭圆形；唇瓣椭圆形，内凹，基部具瓣柄，中央具黄色斑纹和红色脉纹；花萼管状，白色或带红色，外被长柔毛，顶端具3齿。果近球形，具不明显钝三棱，白色或乳黄色。花期5月；果期6—8月。

生境与分布 | 原产于柬埔寨、泰国。

利用 | 果实具香味，可作调味料。

75. 海南砂仁 *Amomum longiligulare* T. L. Wu

形态特征 | 多年生草本，高可达1.5 m。叶线形或线状披针形，顶端尾状渐尖，基部渐狭；叶两面无毛；叶舌披针形，膜质，无毛。总状花序基生；花冠白色，花冠裂片长圆形或狭倒卵形；唇瓣圆匙形，内凹，顶端具突出、2裂的黄色小尖头，中央具黄色斑纹和红色脉纹；花萼管状，白色或带红色，顶端具3齿。果卵圆形，钝三棱，被短柔刺。花期4—6月；果期6—9月。

生境与分布 | 生于山谷密林中。原产于我国海南。

利用 | 果实具香味，可作调味料。

76. 长柄豆蔻 *Amomum longipetiolatum* Merr.

形态特征 | 多年生草本，高可达1 m。叶长圆状披针形，顶端渐尖，基部急尖；叶上面无毛，背面被贴伏的黄色绢毛；叶舌圆形。穗状花序椭圆形，着花3～4朵；花冠白色，花冠裂片线形；唇瓣倒卵形，中央具黄色和红色斑纹；花萼管状，膜质，被短柔毛，顶端3齿裂，裂片长圆形。果近球形，被褐色短茸毛。花期4—5月；果期6—8月。

生境与分布 | 生于山谷林下。原产于我国广西、海南。

利用 | 果实具香味，可作调味料。

77. 九翅豆蔻 *Amomum maximum* Roxb.
别称：九翅砂仁

形态特征 | 多年生草本，高可达3 m。叶长椭圆形或长圆形，顶端尾状渐尖，基部渐狭，下延；叶上面无毛，背面被柔毛；叶舌长圆形，2裂，疏被柔毛。穗状花序近圆球形；花冠白色，花冠裂片长圆形；唇瓣卵圆形，全缘，白色，基部中央具橙黄色斑纹；花萼管状，膜质，顶端3裂齿，裂片披针形。果卵圆形，具9条宽翅，疏被白色短柔毛。花期5—6月；果期6—8月。

生境与分布 | 生于林中阴湿处。原产于我国广东、广西、西藏南部、云南。

利用 | 果实具香味，可作调味料。

78. 疣果豆蔻 *Amomum muricarpum* Elm.
别称：牛牯缩砂

形态特征 | 多年生草本，高可达3 m。叶披针形或长圆状披针形，顶端尾状渐尖，基部楔形；叶两面无毛。穗状花序卵形，花序轴密被黄色茸毛；花冠乳黄色至橘黄色，花冠裂片长圆形或狭披针形，具明显红色条纹；唇瓣宽倒卵形，顶端2裂，边缘皱波状，乳黄色至橘黄色，中央具橙黄色斑纹；花萼管状，顶端2裂，红色。果椭圆形或球形，被黄色茸毛及鹿角状分枝的柔刺。花期5—9月；果期6—12月。

生境与分布 | 生于密林中。原产于我国广东、广西。

利用 | 果实具香味，可作调味料。

79. 西藏豆蔻 *Amomum tibeticum* (T. L. Wu & S. J. Chen) X. E. Ye, L. Bai & N. H. Xia
别称：西藏大豆蔻

形态特征 | 多年生草本，高可达2.5 m。叶披针形或窄椭圆形，先端尾状渐尖，基部楔形；叶背面密被柔毛；叶舌长圆形，薄革质或革质。穗状花序直立或斜生，长圆状卵球形或纺锤形；鳞片状鞘，卵形至宽卵形，外面密被粗毛；花冠乳白色或白色，花冠裂片长椭圆形；唇瓣长圆形或倒卵形，白色，中部淡黄色，顶端近圆形；花萼管状，白色，外面密被长柔毛。果长圆形。花期4—6月；果期6—8月。

生境与分布 | 生于阔叶林下潮湿处。原产于我国西藏。缅甸亦有分布。

利用 | 果实具芳香，可作香料。

80. 草果 *Amomum tsaoko* Crevost et Lemarie
别称：红草果

形态特征 | 多年生草本，高可达3 m。叶长椭圆形或长圆形，顶端渐尖，基部渐狭；叶两面无毛；叶舌全缘，顶端钝。穗状花序基生；花冠黄色，花冠裂片长圆形；唇瓣椭圆形，顶端微齿裂，边缘皱波状，黄色，中央具橙色斑；花萼管状，顶端具钝3齿。果长圆形或长椭圆形，无毛。花期4—6月；果期9—12月。

生境与分布 | 生于疏林下。原产于我国广西、贵州、云南等省区。

利用 | 果实具香味，可作调味料。

81. 砂仁 *Amomum villosum* Lour.

别称：春砂仁、阳春砂仁

形态特征 | 多年生草本，高可达3 m。中部叶片长披针形，上部叶片线形，顶端尾尖，基部近圆形；叶两面无毛；叶舌半圆形；叶鞘具方格状网纹。穗状花序椭圆形；花冠白色，花冠裂片倒卵状长圆形；唇瓣圆匙形，顶端具2裂、反卷的尖头，中央具黄色和红色斑纹；花萼管状，白色，顶端3浅裂，基部疏被柔毛。果椭圆形，成熟时紫红色，表面被柔刺。花期5—6月；果期8—9月。

生境与分布 | 生于山地阴湿处。原产于我国福建、广东、广西和云南。

利用 | 果实具香味，可作调味料。

82. 缩砂密 *Amomum villosum* var. *xanthioides* (Wall. ex Bak.) T. L. Wu & S. J. Chen

别称：绿壳砂、矮砂仁

形态特征 | 多年生草本，高可达3 m。中部叶片长披针形，上部叶片线形，顶端尾尖，基部近圆形；叶两面无毛；叶舌半圆形；叶鞘具方格状网纹。穗状花序椭圆形；花冠白色，花冠裂片倒卵状长圆形；唇瓣圆匙形，顶端具2裂、反卷的尖头，中央具黄色和红色斑纹；花萼管状，白色，顶端3浅裂，基部疏被柔毛。果椭圆形，成熟时绿色，表面被柔刺，柔刺较扁。花期5—6月；果期8—9月。

生境与分布 | 生于山地阴湿处。原产于我国云南南部。

利用 | 果实具香味，可作调味料。

83. 墨脱豆蔻 *Amomum xizangense* L. Fu, Jian-P. Huang & Y. S. Ye

形态特征 | 多年生草本，高可达3 m。叶长圆形到椭圆形或倒披针形，顶端渐尖，基部渐狭；叶正面无毛，背面密被银色绢毛；叶舌卵形或狭卵形，先端2裂，浅红色，革质，密被短柔毛；叶鞘紫红色，具条纹，被短茸毛。穗状花序卵球形至椭圆形；花冠白色至乳黄色，花冠裂片倒卵状长圆形；唇瓣狭倒卵形，黄色，两侧具红色斑纹；花萼管状，白色至乳黄色，顶端3齿裂。果球形，具9条宽翅，成熟时紫红色，密被短柔毛。花期5—6月；果期8—10月。

生境与分布 | 生于林下或林缘。原产于我国西藏。

利用 | 果实具香味，可作调味料。

84. 大花凹唇姜 *Boesenbergia maxwellii* Mood, L. M. Prince & Triboun

别称：马氏凹唇姜

形态特征 | 多年生落叶草本，高可达65 cm。叶卵形或长圆形，顶端尾状渐尖，基部心形，两侧不对称；叶两面无毛；叶舌先端2浅裂，无毛；叶鞘绿色，无毛。穗状花序基生，着花5～7朵；花冠白色，花冠裂片长圆形；唇瓣倒卵形，白色，中部粉红色；花萼管状，白色，顶端2齿裂，一侧开裂至基部。果圆柱状，白色，无毛，稍具脊。花期5—6月；果期6—8月。

生境与分布 | 生于山地阴湿处。原产于我国云南。老挝、缅甸、泰国、印度也有分布。

利用 | 根状茎具辛香味，可制香料。

85. 凹唇姜 *Boesenbergia rotunda* (L.) Mansf.

形态特征 | 多年生落叶草本，高可达50 cm。叶卵状长圆形或椭圆状披针形，顶端具小尖头，基部渐尖至近圆形；叶背面中脉被疏柔毛；叶舌膜质，先端2浅裂；叶鞘紫红色，无毛。穗状花序藏于扩大的顶部叶鞘内；花冠淡粉红色，花冠裂片长圆形；唇瓣宽长圆形，粉红色，具玫红色斑纹；花萼管状，顶端2浅裂。果未见。花期7—8月。

生境与分布 | 生于密林中。原产于我国云南。斯里兰卡、印度、印度尼西亚也有分布。

利用 | 根状茎具辛香味，可制香料。

86. 姜荷花 *Curcuma alismatifolia* Gagnep.

形态特征｜多年生草本，高可达 80 cm；根状茎纺锤形。叶卵状长圆状披针形，顶端急尖或具小尖头，基部下延；叶两面无毛；叶鞘绿色。穗状花序顶生，球果状；可育苞片绿色，近圆形，不育苞片披针形，玫瑰色或紫罗兰色；花冠紫罗兰色或白色，花冠裂片椭圆形；唇瓣倒卵形或楔形，淡紫罗兰色，中央具黄色斑纹；花萼管状，顶端膨大，3齿裂。花果期5—7月。

生境与分布｜原产于柬埔寨、老挝、泰国、越南。

利用｜根状茎芳香，可制香料。

87. 郁金 *Curcuma aromatica* Salisb.

别称：姜黄

形态特征｜多年生草本，高可达 1 m；根状茎椭圆形或长椭圆形，根端膨大呈纺锤状。叶长圆形，顶端尾状渐尖，基部渐狭；叶上面无毛，背面被短柔毛。圆柱形穗状花序与叶同时发出或先叶而出；可育苞片绿色，卵形，不育苞片长圆形，顶端常具小尖头，被毛，白色或粉红色；花冠白色或浅粉红色，花冠裂片长圆形；唇瓣倒卵形，黄色。花果期4—6月。

生境与分布｜栽培或野生于林下。产于我国东南部至西南部各省区。东南亚各地亦有分布。

利用｜根状茎芳香，可制香料。

88. 广西莪术 *Curcuma kwangsiensis* S. G. Lee & C. F. Liang
别称：毛莪术、桂莪术

形态特征｜多年生草本；根状茎卵球形，须根末端常膨大成近纺锤形块根。叶椭圆状披针形，顶端短渐尖至渐尖，基部渐狭，下延；叶两面被柔毛；叶舌边缘具长柔毛；叶鞘被短柔毛。穗状花序由根茎单独发出，可育苞片绿色，阔卵形，不育苞片长圆形，浅粉红色；花冠浅黄色，花冠裂片卵形；唇瓣近圆形，淡黄色；花萼白色。花果期4—6月。

生境与分布｜栽培或野生于山坡草地及灌木丛中。产于我国广西、云南。

利用｜根状茎芳香，可制香料。

89. 姜黄 *Curcuma longa* L.
别称：郁金

形态特征 | 多年生草本；根状茎椭圆形或圆柱状，须根末端常膨大成块根。叶长圆形或椭圆形，顶端短渐尖，基部渐狭；叶两面无毛。圆柱状穗状花序由叶鞘内抽出，下部可育苞片绿色，卵形，上部不育苞片长圆形，白色或浅粉红色；花冠浅黄色，花冠裂片三角形；唇瓣倒卵形，淡黄色，中部具深黄色斑纹；花萼白色。花果期7—9月。

生境与分布 | 产于我国福建、广东、广西、台湾、西藏、云南等省区。东亚及东南亚广泛栽培。

利用 | 根状茎芳香，可制香料。

90. 莪术 *Curcuma phaeocaulis* Valeton

别称：郁金、蓬莪术

形态特征｜多年生草本，高可达1 m；根状茎圆柱形，须根末端常膨大成块根。叶椭圆状长圆形至长圆状披针形，中部常有紫斑；叶两面无毛。阔椭圆状穗状花序由根茎单独发出，苞片卵形至倒卵形，下部的绿色，上部的紫红色；花冠黄色，花冠裂片长圆形；唇瓣近倒卵形，黄色，顶端微缺；花萼白色，顶端3裂。花果期4—6月。

生境与分布｜林下栽培或野生。原产于我国云南。印度至马来西亚亦有分布。东亚及东南亚广泛栽培。

利用｜根状茎芳香，可制香料。

91. 川郁金 *Curcuma sichuanensis* X. X. Chen

形态特征｜多年生草本，高可达1.5 m；须根末端常膨大成块根。叶椭圆形或椭圆状长圆形，顶端尾状渐尖，基部渐狭，偏斜；叶两面无毛。穗状花序圆柱状，下部可育苞片绿色，卵形，上部不育苞片卵形或椭圆状长圆形，白色或浅紫红色；花冠浅黄色，花冠裂片长圆形；唇瓣卵形，先端2裂，白色，中部具黄色斑纹；花萼顶端不规则3裂。果球形。花果期6—7月。

生境与分布｜生于林下河边。原产于我国四川、云南。

利用｜根状茎芳香，可制香料。

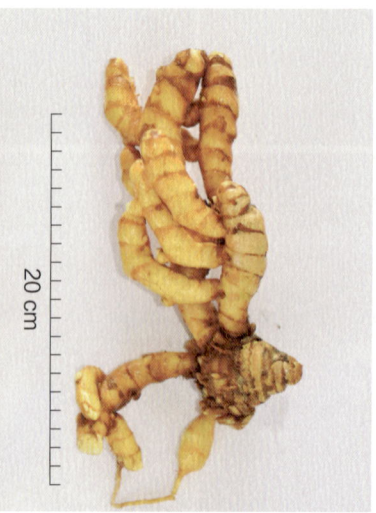

92. 温郁金 *Curcuma wenyujin* Y. H. Chen & C. Ling
别称：白丝郁金

形态特征｜多年生草本，高可达1.6 m；根状茎卵球形，须根末端常膨大成近纺锤状块根。叶长圆形或卵状长圆形，顶端锐尖，基部圆形或宽楔形；叶两面无毛。穗状花序圆柱状，下部可育苞片绿色，卵形或倒卵形，上部不育苞片长圆形，浅紫红色；花冠浅黄色，花冠裂片长圆形；唇瓣倒卵形，反折，先端2浅裂，黄色；花萼管状，一侧斜裂至中部，顶端3齿裂。果球形。花果期6—7月。

生境与分布｜原产于我国浙江。

利用｜根状茎芳香，可制香料。

93. 单叶拟豆蔻 *Elettariopsis monophylla* (Gagnepain) Loesener

形态特征｜多年生草本，高可达0.5 m；根状茎匍匐、细弱，假茎基部退化成无叶的叶鞘2枚。叶长圆形或卵形，顶端尾状渐尖，基部近圆形，偏斜；叶两面无毛。头状花序基生，花序梗被覆瓦状排列的鳞片；花冠白色或浅黄色，花冠裂片卵状长圆形；唇瓣圆形，顶端全缘，白色或浅黄色，中部黄色；花萼管状，顶端3齿裂。果未见。花期4—5月。

生境与分布｜生于林下。原产于我国海南。

利用｜果实具芳香，可制香料。

94. 火炬姜 *Etlingera elatior* (Jack) R. M. Sm.

别称：菲律宾蜡花、瓷玫瑰

形态特征 | 多年生草本，高可达5 m。叶厚纸质，披针形或长圆状披针形，顶端尾状渐尖，基部近圆形或浅心形；叶两面无毛。穗状花序紧缩成头状，自根状茎生出，花序梗具鳞片状鞘；花冠粉红色、红色或白色；唇瓣匙形，顶端近全缘或微凹，基部和中部深红色，边缘黄色；花萼管状，顶端3齿裂。果倒卵形，淡红色。花果期近全年。

生境与分布 | 原产于马来西亚、泰国、印度尼西亚。

利用 | 花序具特殊芳香，可切碎作调味料。

95. 红茴砂 *Etlingera littoralis* (J. Konig) Giseke

别称：红茴香砂仁

形态特征 | 多年生草本，高可达3 m。叶长圆形，顶端渐尖并具小尖头，基部渐狭或近圆形，偏斜；叶背中脉被短柔毛，具缘毛；叶舌长圆形，顶端渐尖，无毛；叶鞘上有方格状网纹。穗状花序基生，自根状茎生出，花序梗套褶的鳞片状鞘；花冠鲜红色，花冠裂片长圆形；唇瓣倒卵状长圆形，基部和花丝的基部连合成短管，顶端近全缘或2裂，边缘黄色；花萼管状，顶端3齿裂，一侧开裂至中部。果球形，被短柔毛。花期3—5月。

生境与分布 | 生于林下，海拔200～300 m。原产于我国海南。

利用 | 果实具芳香，可作香料。

96. 红姜花 *Hedychium coccineum* Buch.-Ham. ex Sm.

形态特征｜多年生草本，高可达2 m。叶狭线形，顶端尾状渐尖，基部渐狭或近圆形；叶两面无毛。穗状花序圆柱形，稠密；花冠红色，花冠裂片线形，反折；唇瓣圆形，深2裂，基部具瓣柄；花萼管状，顶端3齿裂，顶部被疏柔毛，稀无毛。果球形。种子红色。花期6—8月；果期10月。

生境与分布｜生于林下。原产于我国广西、西藏、云南。印度、斯里兰卡亦有分布。

利用｜根状茎具芳香，可作香料；花芳香，可浸提姜花浸膏，用于调和香精。

97. 姜花 *Hedychium coronarium* J. Koenig
别称：峨眉姜花

形态特征｜多年生草本，高可达2 m。叶长圆状披针形或披针形，顶端长渐尖，基部急尖；叶背面被短柔毛。穗状花序椭圆形，顶生；花冠白色，花冠裂片披针形；唇瓣倒心形，白色，基部稍黄，顶端2裂；花萼管状，顶端一侧开裂。果球形。种子红色。花期5—8月；果期11月至翌年2月。

生境与分布｜野生或栽培于林下。原产于我国广东、广西、湖南、四川、台湾和云南。马来西亚、尼泊尔、印度等国家也有分布。

利用｜根状茎具芳香，可作香料；花芳香，可浸提姜花浸膏，用于调和香精。

98. 黄姜花 *Hedychium flavum* Roxb.

形态特征 | 多年生草本，高可达 2 m。叶长圆状披针形或披针形，顶端尾状渐尖，基部渐狭；叶两面无毛。穗状花序长圆形，顶生；苞片覆瓦状排列，长圆状卵形；花冠黄色，花冠裂片线形；唇瓣倒心形，黄色，具一个橙色的斑，顶端微凹；花萼管状，顶端一侧开裂，外侧被粗长毛。果未见。花期8—9月。

生境与分布 | 生于山谷密林中。原产于我国广西、贵州、四川、西藏、云南等省区。印度亦有分布。

利用 | 花芳香，可浸提姜花浸膏，用于调和香精。

99. 圆瓣姜花 *Hedychium forrestii* Diels

形态特征 | 多年生草本，高可达1.5 m。叶长圆形，披针形或长圆状披针形，顶端尾状渐尖，基部渐狭；叶两面无毛。穗状花序圆柱形，花序轴被短柔毛；苞片长圆形，被疏柔毛；花冠白色，花冠裂片线形；唇瓣圆形，白色，中央近基部具一个黄色的斑，顶端微凹，基部收缩成瓣柄；花萼管状，短于苞片。果卵状长圆形。花期8—10月；果期10—12月。

生境与分布 | 生于山谷密林或疏林、灌丛中。原产于我国广西、贵州、四川、西藏、云南等省区。

利用 | 花芳香，可浸提姜花浸膏，用于调和香精。

100. 毛姜花 *Hedychium villosum* Wall.

形态特征 | 多年生草本，高可达2 m。叶长圆形或长圆状披针形；叶两面无毛或在叶背中脉上疏被短柔毛。穗状花序密生多花，花序轴多少被短柔毛；苞片长圆形，被棕色绢毛；花冠白色，花冠裂片线形；唇瓣长圆状倒卵形，白色，顶端深2裂，基部渐狭成瓣柄；花萼管状，被金黄色绢毛。果卵形。花果期3—4月。

生境与分布 | 生于林下阴湿处。原产于我国广东、广西、海南、云南等省区。

利用 | 根状茎具芳香，可作香料。

101. 滇姜花 *Hedychium yunnanense* Gagnep.

形态特征 | 多年生草本，高可达1.3 m。叶卵状长圆形至长圆形，先端尾状渐尖，基部渐狭成槽状的短柄；叶两面无毛；叶舌长圆形，膜质。穗状花序顶生；每苞内着生1花，苞片披针形；花冠乳白色或淡黄色，花冠裂片线形；唇瓣倒卵形，乳白色或淡黄色，顶端2裂至中部，基部具瓣柄；花萼管状，顶端不明显3齿裂，具缘毛。果具钝三棱。花果期7—9月。

生境与分布 | 生于山地密林中。原产于我国广西、云南。越南亦有分布。

利用 | 果实具芳香，可作香料。

102. 紫花山柰 *Kaempferia elegans* Wall.

别称：美山柰、紫花山柰、美山柰

形态特征｜多年生草本；根茎匍匐，不呈块状。叶长圆形或椭圆形，先端急尖，基部圆形；叶两面无毛。头状花序具短总花梗；苞片绿色，长圆状披针形；花淡紫色，中心具白色斑，花冠裂片披针形；唇瓣2裂至基部呈2倒卵形的裂片。果未见。花期5—10月。

生境与分布｜生于灌丛或开阔草地。原产于我国四川。菲律宾、马来西亚、缅甸、泰国、印度亦有分布。

利用｜根状茎具芳香，可作香料。

103. 山柰 *Kaempferia galanga* L.

别称：沙姜

形态特征｜多年生草本；根茎块状，单生或数枚连接。叶近圆形，长7～13 cm，先端短尖或锐尖，基近圆形或浅心形；叶两面无毛或背面疏被长柔毛。头状花序具短总花梗，着花4～12朵；苞片披针形；花白色，芳香，花冠裂片线形；唇瓣白色，基部具紫斑，先端深2裂至中部以下。果未见。花期6—8月。

生境与分布｜生于灌丛或开阔草地。原产于我国广东、广西、台湾、云南。柬埔寨、印度亦有分布。

利用｜根状茎具芳香，可作调味香料。

104. 大叶山柰 *Kaempferia galanga* var. *latifolia* Donn ex Gagnep.

形态特征｜多年生草本；根茎块状，单生或数枚连接。叶近圆形，长13～20 cm，先端短尖或锐尖，基部近圆形或浅心形；叶背面被长柔毛。头状花序具短总花梗，着花4～12朵；苞片披针形；花白色，芳香，花冠裂片线形；唇瓣白色，基部具紫斑，先端深2裂至中部以下。果未见。花期6—8月。

生境与分布｜生于灌丛或开阔草地。原产于我国云南。柬埔寨亦有分布。

利用｜根状茎具芳香，可作调味香料。

105. 小花山柰 *Kaempferia parviflora* Wall. ex Baker

形态特征｜多年生草本；根茎块状。叶椭圆形或长圆形，先端渐尖，基部近圆形或浅心形；叶两面无毛；叶舌无毛；叶鞘紫红色。头状花序具一近钟状总苞；花白色，花冠裂片线形；唇瓣倒卵形，白色，中心紫红色，先端浅2裂；花萼管状，膜质，白色，先端无齿，一侧深裂至基部。果未见。花期5—10月。

生境与分布｜生于灌丛或开阔草地。原产于老挝、缅甸、泰国。

利用｜根状茎具芳香，可作调味香料。

106. 海南三七 *Kaempferia rotunda* L.

形态特征｜多年生草本；根茎块状。先花后叶。叶长椭圆形，先端渐尖，基部楔形；叶两面无毛或在背面被长柔毛；叶舌宽三角形。头状花序着花4～6朵，直接自根茎发出；花白色带紫红色，花冠裂片线形，白色；唇瓣近圆形，紫红色，先端深2裂至中部以下呈2裂片，裂片顶端急尖。果长圆形或卵形。花期4—5月；果期5—6月。

生境与分布｜生于灌丛或开阔草地。原产于我国广东、广西、海南、台湾及云南。马来西亚、缅甸、斯里兰卡、泰国、印度和印度尼西亚也有分布。

利用｜根状茎具芳香，可作调味香料。

107. 土田七 *Stahlianthus involucratus* (King ex Bak.) Craib ex Loesener
别称：姜三七、三七姜、姜田七

形态特征 | 多年生草本；根茎块状，根末端膨大成球形的块根。叶倒卵状长圆形或披针形，先端渐尖，基部渐狭。头状花序着花10～15朵，具一钟状总苞；花白色，花冠裂片长圆形，后方的一片稍大，顶端具小尖头；唇瓣倒卵状匙形，白色，中央有黄色斑，两面密被白色短腺毛。果未见。花期5—6月。

生境与分布 | 生于林下或荒坡。原产于我国福建、广东、广西及云南。缅甸、泰国、印度也有分布。

利用 | 根状茎具芳香，可作调味香料。

108. 珊瑚姜 *Zingiber corallinum* Hance
别称：阴姜

形态特征 | 多年生草本，高可达1 m。叶长圆状披针形或披针形，先端渐尖，基部近圆形；叶背及鞘上疏被柔毛或无毛。穗状花序长圆形，总花梗密被鳞片状鞘；苞片卵形，顶端急尖，红色；花白色，花冠裂片长圆形，白色而具紫红色斑纹；唇瓣浅黄色，三裂，中央裂片倒卵形，侧裂片近条形。果紫红色，三棱状宽倒卵形。花期5—8月；果期8—10月。

生境与分布 | 生于密林中阴湿处。原产于我国广东、广西、海南。泰国也有分布。

利用 | 根状茎可提取珊瑚姜油，具芳香。

109. 蘘荷 *Zingiber mioga* (Thunb.) Rosc.

别称：野姜

形态特征 | 多年生草本，高可达1 m。叶披针状椭圆形或线状披针形，先端尾状渐尖，基部近圆形；叶两面无毛或在叶背面疏被长柔毛。穗状花序椭圆形，总花梗0～17 cm，密被长圆形鳞片状鞘；苞片椭圆形，红色、紫黑色或绿色；花淡黄色，花冠裂片披针形；唇瓣浅黄色，卵形，3裂，中央裂片卵形。果倒卵形。花期7—10月。

生境与分布 | 生于山谷潮湿处。原产于我国安徽、广东、广西、贵州、湖南、江苏、江西、云南、浙江。日本也有分布。

利用 | 根状茎具芳香，可作调味香料；嫩花序和嫩叶具特殊芳香气味，可作调味料或作为野菜食用。

110. 光果姜 *Zingiber nudicarpum* D. Fang

形态特征 | 多年生草本，高可达1.8 m。叶椭圆形、长圆形或披针形，先端渐尖，基部渐狭；叶两面无毛；叶舌膜质，顶端微凹，无毛。穗状花序基生，总花梗直立，高出于地面，鳞片状鞘红色，无毛；不育苞片倒卵形或卵圆形，可育苞片狭倒卵形或长圆形；花淡黄色，花冠裂片披针形；唇瓣紫红色，有淡黄色斑点，3裂，中央裂片卵形。果无毛。花期5—7月。

生境与分布 | 生于林下潮湿处。原产于我国广西、海南。

利用 | 根状茎具芳香，可作调味香料。

111. 姜 *Zingiber officinale* Roscoe
别称：生姜、老姜、百辣云

形态特征 | 多年生草本，高可达1.2 m。叶披针形或线状披针形，先端渐尖，基部渐狭；叶两面无毛；叶舌膜质，顶端微2浅裂，无毛。穗状花序基生，卵球形至长圆形，苞片绿色或黄绿色，卵形或倒卵形；花冠黄绿色，花冠裂片披针形；唇瓣紫红色，有淡黄色斑点，3裂，中央裂片长圆状倒卵形。果未见。花期9—11月。

生境与分布 | 生于向阳的山坡和山谷。起源于我国古代黄河流域与长江流域之间。亚热带地区常见栽培。

利用 | 根状茎具芳香，可作调味香料；叶可提取芳香油，用于食品、饮料及化妆品香料中。

112. 蜂巢姜 *Zingiber spectabile* Griff.
别称：黄球姜

形态特征 | 多年生草本。叶披针形或线状披针形，先端急尖或渐尖，基部宽楔形或近圆形；叶舌膜质，无毛。穗状花序基生，椭圆形至长圆形，苞片红色至黄色，近圆形，边缘明显内卷；花冠乳黄色，花冠裂片披针形；唇瓣紫红色，有淡黄色斑点，3裂，中央裂片长圆状卵形。果未见。花期6—9月。

生境与分布 | 原产于马来西亚和泰国。

利用 | 可作为观赏植物，也可用作香料和药用植物。

113. 阳荷 *Zingiber striolatum* Diels
别称：野姜

形态特征 | 多年生草本，高可达1.5 m。叶披针形或椭圆状披针形，先端尾状渐尖，基部渐狭；叶两面无毛或在叶背处疏被柔毛。穗状花序基生，近卵形，苞片红色，宽卵形至椭圆形；花冠白色或乳黄色，花冠裂片长圆状披针形；唇瓣浅紫色，有白色斑点，3浅裂，中央裂片卵形。果成熟时3裂。花期7—9月；果期9—11月。

生境与分布 | 生于林下、溪边。原产于我国广东、广西、贵州、湖北、湖南、江西、四川，海南有分布。

利用 | 根状茎可提取芳香油，用于低级皂用香精中。

114. 红球姜 *Zingiber zerumbet* (L.) Roscose ex Smith

形态特征｜多年生草本，高可达 1.6 m。叶长圆形或长圆状披针形，先短渐尖，基部渐狭；叶两面无毛或在叶背处幼时被柔毛；叶舌膜质，白色，2 浅裂，密被短柔毛。穗状花序基生，圆锥状卵球形或长圆形，苞片覆瓦状排列，红色，近圆形；花冠乳黄色，花冠裂片披针形；唇瓣乳黄色，3 浅裂，中央裂片近圆形或近倒卵形。果椭圆形。花期7—9月；果期9—11月。

生境与分布｜生于林下潮湿处。原产于我国广东、广西、台湾、云南。亚洲热带地区广布。

利用｜根状茎具芳香，可提取芳香油，作调和香精原料；嫩茎叶具特殊芳香，可作调味蔬菜。

（十六）莎草科 Cyperaceae

115. 香附子 *Cyperus rotundus* L.

别称：香附、香头草、金门莎草

形态特征｜多年生草本，具椭圆形块茎；秆锐三棱形，平滑，基部呈块茎状。叶短于秆；鞘常裂成纤维状。长侧枝聚伞花序简单或复出，具2～10个辐射枝；穗状花序稍疏松；小穗斜展，线形；小穗轴具翅；鳞片卵形或长圆状卵形，顶端急尖或钝，具5～7条脉。小坚果长圆状倒卵形，三棱形，具细点。花果期5—11月。

生境与分布｜世界范围广布种。我国海南有分布。

利用｜块茎具芳香，可提取芳香油。

（十七）禾本科 Poaceae

116. 柠檬草 *Cymbopogon citratus* (D. C.) Stapf
别称：香茅、香茅草、大风草、香麻、柠檬香茅

形态特征 | 多年生草本，高可达 2 m；节下常被白粉。叶鞘无毛，不向外反卷；叶舌厚；叶片顶端长渐尖，边缘平滑或粗糙。伪圆锥花序具多次复合分枝，分枝顶端下垂；无柄小穗线状披针形，第一颖背部扁平或下凹成槽，无脉，上部具窄翼，边缘有短纤毛；第二外稃先端具 2 微齿，无芒或具芒尖，芒长 0.2 mm；有柄小穗长 4.5～5 mm。花果期夏季。

生境与分布 | 原产地未知。广泛栽培。

利用 | 全株有柠檬香气，茎叶可用于提取柠檬香精油，供制香水、肥皂，并可食用，嫩茎叶为制咖喱调香料的原料。

117. 青香茅 *Cymbopogon mekongensis* A. Camus

形态特征 | 多年生草本，高 30～80 cm；节多数，常被白粉。叶鞘短于其节间，无毛；叶纸质，顶端长渐尖，基部窄圆形，边缘粗糙。伪圆锥花序狭窄；无柄小穗第一颖卵状披针形，脊上部具稍宽的翼，顶端钝，脊间无脉或有不明显的 2 脉；第二外稃芒长约 9 mm；有柄小穗第一颖具 7 脉。花果期 7—9 月。

生境与分布 | 生于开阔干旱的山坡草地或者路边。原产于我国广东、广西、贵州、海南、湖南、四川、云南及浙江等省区。老挝、泰国和越南也有分布。

利用 | 全株含芳香油，精油主成分为香叶醇和柠檬醛，常作香水原料。

118. 扭鞘香茅 *Cymbopogon tortilis* (J. Presl) A. Camus
别称：括花草、野香茅

形态特征 | 多年生草本。秆生叶鞘短于节间，基生叶鞘老后破裂向外反卷，无毛；叶舌截圆形；叶先端长渐尖；叶两面无毛。伪圆锥花序狭窄，具少数上举的分枝；无柄小穗第一颖具2～4脉，脊缘具翼，顶端钝，具微齿裂；第二外稃芒长7～8 mm；有柄小穗第一颖具7脉。花果期7—10月。

生境与分布 | 生于山坡草地，海拔不超过600 m。产于我国广东及其沿海岛屿、海南、台湾。

利用 | 全株芳香，可提取香油。

119. 枫茅 *Cymbopogon winterianus* Jowitt
别称：爪哇香茅

形态特征 | 多年生草本。叶鞘宽大，基部叶鞘向外反卷，上部具脊，无毛或在近叶基处被微毛；叶舌顶端尖，边缘具细纤毛；叶先端长渐尖，基部渐狭，窄于其叶鞘，边缘具锯齿状粗糙；叶上面具微毛。伪圆锥花序大型，疏松下垂，分枝呈"之"字形；无柄小穗第一颖椭圆状倒披针形，具3脉或脉不明显；第二外稃芒长约5 mm；有柄小穗第一颖披针形，具7脉。花果期9—12月。

生境与分布 | 原产于马来西亚、斯里兰卡、印度、印度尼西亚爪哇岛至苏门答腊岛。我国海南有分布。

利用 | 全株芳香，是提取精油香草醛的原料。

（十八）豆科 Fabaceae

120. 大叶相思 *Acacia auriculiformis* A. Cunn. ex Benth
别称：耳叶相思

形态特征 | 常绿乔木。叶状柄具3～7条较为明显的主脉，革质，镰状长圆形，两端渐狭；叶状柄两面无毛。穗状花序单生或数个簇生于叶腋或枝顶；花黄色，芳香；花萼顶端浅齿裂；花瓣长圆形；雄蕊明显伸出于花冠之外。荚果带状，极旋卷。花期3—10月；果期8—12月。

生境与分布 | 原产于澳大利亚北部及新西兰。

利用 | 花含芳香油，可作调香原料。

121. 台湾相思 *Acacia confusa* Merr.
别称：相思仔、台湾柳、相思树

形态特征 | 常绿乔木，高可达15 m。叶状柄革质，镰状长圆形、镰状狭披针形或镰状线形，两端渐狭，先端钝或具一弯曲的尖头；叶状柄两面无毛。头状花序单生或2～3个簇生于叶腋；花黄色，芳香；雄蕊明显伸出于花冠之外。荚果长圆形或带状，平直或沿中轴略旋卷。花期3—10月；果期8—12月。

生境与分布 | 野生或栽培。产于我国福建、广东、广西、台湾、云南等省区。菲律宾、斐济、印度尼西亚也有分布。

利用 | 花含芳香油，可作调香原料。

122. 香合欢 *Albizia odoratissima* (L. f.) Benth.
别称：香楹、黑格、香茜藤

形态特征 | 乔木，高可达15 m。二回偶数羽状复叶羽片2～6对，小叶6～14对，小叶纸质，长圆形，先端钝，有时具小尖头，基部斜截形；两面疏被贴伏状短柔毛。头状花序排成圆锥状，顶生；花乳黄色，芳香；花冠外面被锈色短柔毛，花冠裂片披针形，雄蕊明显伸出于花冠之外，长度约为花冠的2倍。荚果长圆形，扁平，幼时密被微柔毛，后逐渐稀疏。花期4—7月；果期6—10月。

生境与分布 | 生于疏林中。产于我国福建、广东、广西、贵州、云南等省区。马来西亚也有分布。

利用 | 花芳香，可用于提取香精。

123. 蝶豆 *Clitoria ternatea* L.

别称：蓝花豆、蓝蝴蝶、蝴蝶豆

形态特征 | 草本；茎被脱落性贴伏短柔毛。羽状叶；小叶宽椭圆形或近卵形。花大，单朵腋生；花冠天蓝色、粉红色或白色，中央有一白色或橙黄色浅晕。种子黑色，长圆形，具明显的种阜。花果期6—11月。

生境与分布 | 原产于印度，现世界各热带地区极常栽培。我国福建、广东、广西、海南、台湾、云南、浙江有栽培。

利用 | 花可以制作饮料。

124. 两粤黄檀 *Dalbergia benthamii* Prain

别称：藤春、两粤檀

形态特征 | 攀缘灌木。小叶5～7，卵形或椭圆形，近革质，背面有白霜和微小贴伏微柔毛。圆锥花序腋生；花冠白色；花瓣长爪；标准反折，椭圆形。荚果舌状长圆形，薄革质。种子1或2颗，肾形，压扁。花期3—6月；果期7—10月。

生境与分布 | 生于疏林或灌丛中，常攀缘于树上。产于我国广东、广西、海南。越南也有分布。

利用 | 茎有香味，可作香料。

125. 海南黄檀 *Dalbergia hainanensis* Merr. et Chun
别称：花梨木、花梨公、海南檀

形态特征｜乔木，高可达16 m。奇数羽状复叶具小叶3～5对，小叶纸质，卵形或椭圆形，顶端短渐尖，尖头常钝，基部圆形或阔楔形；叶幼时两面被黄褐色短柔毛，后逐渐脱落为近无毛。圆锥花序腋生；花粉红色；花瓣具瓣柄，旗瓣倒卵状长圆形，翼瓣菱状长圆形，内侧具耳，龙骨瓣较短，亦具耳。荚果舌状长圆形、倒披针形或带状，顶端急尖。种子部分不明显突起。花期3—4月；果期5—7月。

生境与分布｜生于林地或山坡。产于我国海南。

利用｜茎有香味，可作香料。

126. 降香 *Dalbergia odorifera* T. Chen
别称：降香黄檀、花梨木、花梨母

形态特征｜乔木，高可达15 m。奇数羽状复叶具小叶3～6对，小叶薄革质，卵形或椭圆形，顶端渐尖或急尖，尖头钝，基部圆或阔楔形；叶幼时略被短柔毛，后逐渐脱落。圆锥花序腋生；花乳白色或淡黄色；花瓣具瓣柄，近等长，旗瓣倒心形，翼瓣长圆形，龙骨瓣半月形。荚果舌状长圆形，顶端钝或急尖。种子部分明显突起。花期4—6月；果期7—12月。

生境与分布｜生于开阔的林地、山坡、林缘或村边水旁，海拔100～500 m。产于我国福建、海南、浙江。

利用｜茎有香味，可作香料。

127. 斜叶黄檀 *Dalbergia pinnata* (Lour.) Prain

别称：斜叶檀、罗望子叶黄檀、羽叶檀

形态特征 | 乔木，高5～13 m，或有时具长而曲折的枝条成为藤状灌木。羽状复叶长12～15 cm；小叶10～20对，纸质，斜长圆形。圆锥花序腋生，具伞房状的分枝；花冠白色，各瓣均具长柄，旗瓣卵形，反折，翼瓣基部戟形，龙骨瓣具下面的耳。荚果薄，膜质，长圆状舌形。种子1～4颗，狭长。花期1—2月。

生境与分布 | 生于开阔的林地、山坡、林缘或村边水旁。产于我国福建、海南、浙江。

利用 | 茎有香味，可作香料。

128. 吐鲁胶 *Myroxylon balsamum* (L.) Harms

别称：吐鲁香

形态特征 | 乔木。小叶薄革质，卵形至卵状披针形，顶端渐尖，基部宽楔形至近圆形，叶缘常呈波状。总状花序顶生或枝顶腋生；花白色，花瓣5，具瓣柄，明显不等大，上部1枚倒心形，其余4枚长椭圆形至倒披针形。荚果蝌蚪状，先端在幼时具一凸尖，边缘具宽翅，无毛。花期6—8月；果期10—12月。

生境与分布 | 广泛分布于中南美洲。

利用 | 树皮含吐鲁香脂，可提取用于制作香水等。

129. 紫檀 *Peterocarpus indicus* Willd
别称：印度紫檀、羽叶檀、花榈木

形态特征 | 乔木，高15～25m。羽状复叶，小叶3～5对，卵形。圆锥花序顶生或腋生，多花；花冠黄色，花瓣有长柄。荚果圆形，扁平，翅宽可达2 cm。种子1～2颗。花期春季。

生境与分布 | 生于坡地疏林中或栽培于庭园。广泛分布于中南美洲。

利用 | 树脂和木材可作香料用。

130. 臭菜藤 *Senegalia pennata* (L.) Maslin
别称：臭菜、南蛇簕藤、帕哈

形态特征 | 攀缘藤本；枝多刺，被锈色短柔毛。二回偶数羽状复叶，小叶纸质，线形，顶端略钝，基部截平；叶缘具缘毛。头状花序圆锥状排列，顶生或枝顶腋生；花乳白色或乳黄色。荚果带状，边缘稍隆起，呈浅波状，无毛或幼时被微柔毛。花期3—10月；果期7月至翌年4月。

生境与分布 | 常攀附于灌木或小乔木的顶部。产于我国福建、广东、海南及云南等省区。广布于亚洲和非洲的热带地区。

利用 | 嫩茎叶具特殊气味，可作为特种调味蔬菜食用。

131. 酸豆 *Tamarindus indica* L.
别称：罗望子、酸角、酸梅

形态特征 | 乔木，高可达25 m。一回偶数羽状复叶互生，小叶纸质，长圆形，顶端圆钝或微凹，基部圆，偏斜；两面无毛。花序顶生，总状或少有分枝，黄色或杂以紫红色条纹；花瓣倒卵形，边缘波状。荚果柱状长圆形，肿胀，棕褐色。花期5—8月；果期12月至翌年5月。

生境与分布 | 原产于非洲。我国福建、广东、广西、海南、台湾及云南等省区有栽培或逸为野生。

利用 | 果实味酸甜，可生食或用于制作蜜饯、调味酱及泡菜，亦可制作饮料。

132. 金合欢 *Vachellia farnesiana* (L.) Wight & Arnott

别称：牛角花、刺毡花、鸭皂树

形态特征｜灌木或小乔木，高约4 m。二回偶数羽状复叶具羽片4～8对，小叶10～20对，小叶纸质，线状长圆形；叶两面无毛；托叶针状。头状花序单生或2～3个簇生于叶腋；花黄色，芳香；花冠管状，先端5齿裂，雄蕊明显伸出于花冠之外，长度约为花冠的2倍。荚果膨胀，近圆柱状。花期3—6月；果期7—11月。

生境与分布｜生于阳光充足、土壤肥沃的地带。原产于美洲热带地区。我国福建、广东、广西、海南、四川、台湾、香港、云南、浙江等省区有引种。

利用｜花芳香，可用于提取香精。

（十九）蔷薇科 Rosaceae

133. 月季花 *Rosa chinensis* Jacq.

别称：月月花、月月红、月季

形态特征｜直立灌木；小枝近无毛，有短粗钩状皮刺或无刺。小叶3～5，小叶宽卵形或卵状长圆形。花几朵集生，稀单生；花瓣重瓣至半重瓣，红色、粉红色或白色。蔷薇果卵圆形或梨形，熟时红色。花期4—9月；果期6—11月。

生境与分布｜原产于中国，各地普遍栽培，园艺品种众多。

利用｜花芳香，可用于蒸制芳香油，供食用及化妆品用；花瓣可制饼馅、玫瑰酒、玫瑰糖浆，干制后可以泡茶。

134. 玫瑰 *Rosa rugosa* Thunb.
别称：滨梨、海棠花、刺玫

形态特征 | 直立灌木，高可达2 m。叶纸质，奇数羽状复叶具5～9小叶，小叶椭圆形或椭圆状倒卵形，顶端急尖或圆钝，基部圆或宽楔形，边缘具锯齿；叶下面密被茸毛，或有时具腺毛。花单生于叶腋，或数朵簇生，紫红色至白色，芳香；花瓣倒卵形。果扁球形，砖红色。花期5—6月；果期8—9月。

生境与分布 | 原产于我国华北。日本和朝鲜亦有分布。我国各地均有栽培。

利用 | 花芳香，可用于蒸制芳香油，供食用及化妆品用；花瓣可制饼馅、玫瑰酒、玫瑰糖浆，干制后可以泡茶。

（二十）桑科 Moraceae

135. 粗叶榕 *Ficus hirta* Vahl
别称：五指毛桃、掌叶榕、大青叶

形态特征 | 灌木或小乔木。叶纸质；具基生脉3～5条；叶多型，长椭圆状披针形或广卵形，顶端急尖或渐尖，基部宽楔形、圆形或浅心形，边缘具细锯齿；叶上面疏生贴伏粗硬毛，下面具开展的绵毛和糙毛。榕果成对腋生或生于已落叶枝上；雌花果球形，雄花及瘿花果卵球形。花果期近全年。

生境与分布 | 生于村边旷地、山坡林边，或附生于其他树干。产于我国福建、广东、广西、贵州、海南、湖南、江西、云南等省区。

利用 | 根和茎具椰子香气，可用于制作香料。

（二十一）壳斗科 Fagaceae

136. 木姜叶柯 *Lithocarpus litseifolius* (Hance) Chun
别称：甜茶

形态特征｜乔木，高可达20 m。叶纸质至近革质，椭圆形、倒卵状椭圆形或卵形，稀长椭圆形，顶端渐尖或短突尖，基部楔形至宽楔形，全缘；叶两面无毛。花雌雄异序或同序，雄花序多穗排成圆锥花序，少有单穗腋生；雌花序常2～6穗聚生枝，雌花3～5朵一簇。坚果宽圆锥形、扁圆球形或近圆球形，先端锥尖，稀平缓；果脐深内陷。花期5—9月；果成熟期翌年6—10月。

生境与分布｜生于次生林中。

利用｜嫩叶具甜味，可加工制作代用茶，通称甜茶。

137. 多穗柯 *Lithocarpus polystachyus* Rehder

形态特征｜乔木。叶革质，长椭圆形或卵状长椭圆形，顶端急尖或突然渐尖，基部楔形，全缘；叶两面无毛。花序穗状，直立；雄花序单穗，极少复穗状；雌花3朵一簇。坚果扁球形，未成熟时顶部锥尖状，成熟时近平坦，先端具一短尖头；果脐深内陷。花期5—6月；果成熟期翌年5—6月。

生境与分布｜生于密林中。

利用｜嫩叶可制作代用茶。

（二十二）葫芦科 Cucurbitaceae

138. 绞股蓝 *Gynostemma pentaphyllum* (Thunb.) Makino
别称：毛绞股蓝

形态特征｜草质攀缘藤本；卷须二歧，稀单一。叶膜质或纸质，鸟足状，具3～9小叶，小叶卵状长圆形或披针形，顶端急尖或短渐尖，基部渐狭，边缘具齿；叶两面疏被短硬毛。圆锥花序，雌雄异株，雌花花序远短于雄花花序，花淡绿色或白色。果球形，成熟后黑色。花期3—11月；果期4—12月。

生境与分布｜生于密林、山坡疏林、灌丛中或路旁草丛中。产于我国安徽、福建、广东、广西、贵州、海南等。

利用｜全株在经处理后可用于制作茶饮。

（二十三）秋海棠科 Begoniaceae

139. 紫背天葵 *Begonia fimbristipula* Hance
别称：观音菜、天葵

形态特征｜多年生草本；具球形根状茎。叶膜质，宽卵形，顶端急尖至渐尖，基部偏斜或心形，边缘具重锯齿或缺刻；叶上面疏被短毛，下面沿脉被毛。花序二歧聚伞状，花粉红色；雌雄异花；花瓣4，外面2枚宽卵形至近圆形，内面2枚倒卵形至倒卵长圆形。蒴果下垂，倒卵状长圆形，具不等大3翅。花期5—6月；果期6—8月。

生境与分布｜生于山地疏林下潮湿岩石上和山坡林下。产于我国福建、广东、广西、海南、湖南、江西、香港和浙江。

利用｜叶片在经处理后可用于制作茶饮。

（二十四）大戟科 Euphorbiaceae

140. 山苦茶 *Mallotus peltatus* (Geiseler) Müll. Arg.
别称：鹧鸪茶、椭圆叶野桐

形态特征 | 灌木或小乔木，高2～10 m。叶互生或有时近对生，长圆状倒卵形，干后有零陵香味。花雌雄异株；雄花序总状，顶生，苞片卵状披针形，雄花（1～）2～5朵簇生于苞腋；雌花序总状，顶生，苞片钻形，雌花花萼佛焰苞状。蒴果扁球形，具3个分果爿，疏生稍弯的软刺。种子球形。花期2—4月；果期6—11月。

生境与分布 | 生于山坡灌丛或山谷疏林中或林缘。产于广东和海南。

利用 | 叶片可制作代用茶饮用。

（二十五）牻牛儿苗科 Geraniaceae

141. 香叶天竺葵 *Pelargonium graveolens* L' Hér.
别称：驱蚊香草、驱蚊草、香艾

形态特征 | 多年生草本或呈灌木状，高可达1 m。叶纸质，近圆形，顶端急尖，基部心形，掌状5～7深裂，裂片矩圆形或披针形，小裂片边缘具不规则锯齿；叶两面被长糙毛。伞形花序与叶对生，具花5～12朵；花玫瑰色或粉红色；花瓣先端钝圆，上两片较大，具深色条纹。蒴果被柔毛。花期5—7月；果期8—9月。

生境与分布 | 原产于非洲南部。我国各地庭园有栽培。

利用 | 全株可用于蒸馏香叶醇，用于制作香精。

（二十六）千屈菜科 Lythraceae

142. 散沫花 *Lawsonia inermis* L.
别称：指甲木、指甲叶、指甲花

形态特征｜大灌木，高达6 m。叶薄革质，椭圆形或椭圆状披针形，顶端短尖，基部楔形或渐狭；叶两面无毛。圆锥花序顶生或枝顶腋生；花白色至朱红色，极芳香；花瓣卵状披针形。蒴果扁球形。花期6—10月；果期12月。

生境与分布｜我国海南庭园多有栽培。

利用｜花极芳香，可提取香油和浸取香膏，用于化妆品。

（二十七）桃金娘科 Myrtaceae

143. 柠檬香桃叶 *Backhousia citriodora* F. Muell.
别称：柠檬香桃木

形态特征｜乔木，高可达8 m。叶革质，对生；披针形至卵状披针形，先端急尖或渐尖，基部楔形；叶幼时两面被短柔毛，后逐渐脱落。伞形花序聚伞状排列，在枝顶腋生；花白色；花瓣倒卵形，离生，基部楔形；雌蕊与雄蕊近等长或略长于雄蕊；萼管钟状，萼裂片卵圆形。蒴果卵圆形。花期5—6月；果期7—9月。

生境与分布｜生于开阔的森林和林地中。原产于澳大利亚。

利用｜叶富含柠檬醛，可用于制茶或提取芳香油。

144. 岗松 *Baeckea frutescens* L.

形态特征 | 灌木。叶纸质，交互对生；狭线形或线形，先端急尖，基部渐狭；具1条中脉，无侧脉；叶两面无毛，具多数透明油点。花单生于叶腋，白色；花瓣圆形，离生，基部具一短柄；雄蕊成对与萼齿对生；萼管钟状，萼裂片小，三角形。蒴果倒圆锥形至半球形。花期5—9月；果期9—12月。

生境与分布 | 生于荒山草坡与灌丛中，是酸性土的指示植物。产于我国福建、广东、广西、海南及江西等省区。

利用 | 全株可用于提取芳香油。

145. 美花红千层 *Callistemon citrinus* (Curtis) Skeels

别称：瓶刷木、金宝树、红瓶刷

形态特征 | 小乔木；枝向上或平展。叶革质，互生；线形，先端急尖，基部渐狭；叶两面幼时被长柔毛，后逐渐脱落。穗状花序稠密；花红色；花瓣膜质，卵形，黄绿色；雌蕊略长于雄蕊，两者均显著伸出于花冠之外。蒴果半球形。花期4—6月、10—12月；果期6—8月、12月至翌年2月。

生境与分布 | 原产于澳大利亚。

利用 | 叶片可用于提取芳香油。

146. 垂枝红千层 *Callistemon viminalis* (Soland.) Cheel.

别称：串钱柳、澳洲红千层

形态特征 | 小乔木；枝明显下垂。叶革质，互生；线形至椭圆状线形，先端急尖，基部渐狭；叶两面幼时被长柔毛，后逐渐脱落。穗状花序稠密；花红色；花瓣膜质，近圆形，黄绿色；雌蕊略长于雄蕊，两者均显著伸出于花冠之外。蒴果碗状或半球形。花期4—6月、10—12月；果期6—8月、12月至翌年2月。

生境与分布 | 原产于澳大利亚。

利用 | 叶片可用于提取芳香油。

147. 柠檬桉 *Eucalyptus citriodora* Hook.

别称：靓仔桉

形态特征 | 高大乔木，高可达28 m；树皮片状脱落。叶革质，幼态叶片披针形；过渡型叶阔披针形；成熟叶片狭披针形，稍弯曲；叶两面有腺点，揉之有浓厚的柠檬气味。圆锥花序腋生；花白色；蒴管倒圆锥形；帽状体先端圆。蒴果壶形，果瓣藏于萼管内。花期4—9月；果期5—12月。

生境与分布 | 常见生长于肥沃壤土地区。我国福建、广东、广西、贵州、海南、湖南、江西、四川、云南及浙江有引种。

利用 | 叶含芳香油，可蒸提桉油，供香料用。

148. 桉树 *Eucalyptus robusta* Smith
别称：大叶尤加利、大叶桉

形态特征 | 高大乔木，高可达20 m；树皮宿存。叶厚革质，幼态叶卵形；成熟叶卵状披针形；叶两面有细腺点。伞形花序腋生，有花4～8朵；花白色；萼管半球形或倒圆锥形；帽状体先端收缩成喙。蒴果卵状壶形，上半部略收缩，蒴口稍扩大，具3～4果瓣。花期5—8月；果期5—12月。

生境与分布 | 常见生长于沼泽地，也可见于海岸附近的沙壤。原产于澳大利亚。我国安徽、福建、广东、广西、贵州、海南、湖南、江西、四川、台湾、云南及浙江有引种。

利用 | 叶含芳香油，可用于提取香精。

149. 互叶白千层 *Melaleuca alternifolia* Cheel

形态特征 | 乔木，高可达15 m。叶革质，具基出脉3～7条；线状披针形，先端急尖，基部楔形；两面幼时具柔毛，后逐渐脱落；多油腺点，具香气。穗状花序顶生；花白色；花瓣卵形；花柱线形，略长于雄蕊；萼管卵状圆锥形，萼齿三角形至卵状三角形。蒴果椭圆形至近球形。花期6—8月；果期8—12月。

生境与分布 | 原产于澳大利亚。

利用 | 叶含芳香油，供制取香精及防腐剂。

150. 黄金串钱柳 *Melaleuca bracteata* F. Muell.

别称：千层金、金叶白千层

形态特征 | 乔木，高可达15 m。叶革质，具基出脉3~7条；线状披针形，先端急尖，基部楔形；两面幼时具柔毛，后逐渐脱落；多油腺点，具香气。穗状花序顶生；花白色；花瓣卵形；花柱线形，略长于雄蕊；萼管卵状圆锥形，萼齿三角形至卵状三角形。蒴果椭圆形至近球形。花期6—8月；果期8—12月。

生境与分布 | 原产于澳大利亚。

利用 | 叶含芳香油，供制取香精及防腐剂。

151. 白千层 *Melaleuca cajuputi* subsp. *cumingiana* (Turczaninow) Barlow

形态特征 | 乔木,高达18 m;树皮厚而松软,呈薄层状剥落。叶革质,具基出脉3~7条;披针形或狭长圆形,两端尖;两面无毛;多油腺点,具香气。穗状花序顶生,花序轴常有短毛;花白色;花瓣卵形;雄蕊常5~8枚成束;花柱线形,略长于雄蕊;萼管卵形,萼齿圆形。蒴果近球形。花果期每年多次。

生境与分布 | 原产于澳大利亚。我国福建、广东、广西、海南及台湾等地有引种。

利用 | 叶含芳香油,供制取香精及防腐剂。

152. 狭叶白千层 *Melaleuca linariifolia* Smith

形态特征 | 乔木,高达18 m;树皮厚而松软,呈薄层状剥落。叶革质,具基出脉3~7条;披针形或狭长圆形,两端尖;两面无毛;多油腺点,具香气。穗状花序顶生,花序轴常有短毛;花白色;花瓣卵形。蒴果近球形。花果期每年多次。

生境与分布 | 原产于澳大利亚。我国福建、广东、广西、海南及台湾等地有引种。

利用 | 叶含芳香油,供制取香精。

153. 众香 *Pimenta racemosa* (Mill) J. W. Moore

别称：多香果

形态特征 | 乔木，高可达20 m。叶革质，椭圆形至长圆形，顶端急尖或钝，基部楔形；叶两面无毛。圆锥花序顶生；花白色；花瓣分离，阔卵形至近圆形，先端圆钝；萼管倒圆锥状，萼裂片三角形至阔三角形。果近圆形，成熟时紫黑色。花期6—8月；果期8—11月。

生境与分布 | 原产于墨西哥、西印度群岛和中美洲。

利用 | 叶片、花蕾、果实含芳香油，可用于制作调味料。

154. 丁香蒲桃 *Syzygium aromaticum* (L.) Merr. & L. M. Perry
别称：丁子香、公丁香、雄丁香

形态特征 | 乔木。叶革质，倒卵形或倒卵状椭圆形，顶端急尖或渐尖，基部窄楔形至楔形；叶两面无毛。聚伞花序排列成圆锥状；花白色；花瓣分离，阔卵形至近圆形；萼管柱状，萼裂片三角形至卵状三角形。果倒卵状椭圆形，成熟过程由红转紫黑色。花期8—9月；果期10—12月。

生境与分布 | 原产于印度尼西亚。我国海南及云南等地有引种。

利用 | 叶片、花蕾、果实含芳香油，可用于香料、调味料、日化用品等。

155. 大叶丁香蒲桃 *Syzygium caryophyllatum* Alston

形态特征 | 乔木。叶革质，倒卵形或倒卵状椭圆形，顶端渐尖至圆钝，基部楔形；叶两面无毛。聚伞花序排列成圆锥状；花白色；花瓣分离，阔卵形至近圆形；萼管倒圆锥形，萼裂片不明显。果近球形，成熟时红色。花期2—4月；果期4—8月。

生境与分布 | 原产于斯里兰卡和印度南部。我国云南及海南等地有引种。

利用 | 叶片、花蕾、果实含芳香油，可供香料用。

(二十八) 漆树科 Anacardiaceae

156. 清香木 *Pistacia weinmanniifolia* J. Poisson ex Franchet
别称：紫油木、清香树、香叶树

形态特征 | 灌木或小乔木，高达8 m。偶数羽状复叶具8～18小叶，叶轴具狭翅，上面具槽；小叶长圆形或倒卵状长圆形，先端具芒刺状硬尖头，全缘。密穗状圆锥花序腋生；花小，紫红色；小苞片1，卵圆形；花瓣长圆形或长圆状披针形，2轮排列。核果球形，紫红色。

生境与分布 | 生于石灰山林下或灌丛中。产于我国广西、贵州、四川、西藏、云南。

利用 | 叶可提取芳香油；亦可作盆景观赏。

157. 巴西肖乳香 *Schinus terebinthifolia* Raddi

别称：巴西胡椒木、巴西乳香、红胡椒

形态特征｜乔木；树皮灰白，老茎有垂直深裂痕。奇数羽状复叶互生，小叶长椭圆形或卵状长椭圆形，叶尖钝；叶柄具狭翼。圆锥花序，生于枝顶或枝梢叶腋；花萼短，5裂；花瓣5，白色。核果球形。花期4—5月；果期7—9月。

生境与分布｜原产于巴西。热带地区有栽培或逸生。

利用｜种子有胡椒和陈皮香味，可作香料；树脂也可作香料。

158. 食用槟榔青 *Spondias dulcis* G. Forst.

别称：南洋橄榄、加椰芒、青橄榄

形态特征 | 落叶乔木。奇数羽状复叶，互生；小叶2～5对，对生，膜质，卵状长圆形或椭圆状长圆形。圆锥花序顶生，先叶开放或与叶同出；花小，白色。核果肉质，内果皮木质，具坚硬的刺状突起。花期6—7月；果期9—10月。

生境与分布 | 原产于太平洋诸岛。我国广东、广西、海南有种植。

利用 | 叶片有酸味，印度尼西亚归侨常常利用叶片作蘸料。

159. 槟榔青 *Spondias pinnata* (L. F.) Kurz

别称：木个、外木个

形态特征 | 落叶乔木，高10～15 m。奇数羽状复叶互生；小叶2～5对，对生，膜质，卵状长圆形或椭圆状长圆形，全缘，基部多少偏斜。圆锥花序顶生；花小，白色，无柄或近无柄；花瓣卵状长圆形，先端内卷。核果椭圆形或椭圆状卵形，黄褐色。花期3—4月；果期5—9月。

生境与分布 | 生于低山、平坝或沟谷林中。产于我国广西、海南和云南。

利用 | 叶片有酸味，印度尼西亚归侨常常利用叶片作蘸料。

（二十九）芸香科 Rutaceae

160. 山油柑 *Acronychia pedunculata* (L.) Miq.

别称：砂糖木、山柑、降真香

形态特征 | 常绿乔木。叶片长圆形至长椭圆形，纸质，全缘，具腺点，揉碎有柑橘叶香气。花白色，花瓣线形或狭长圆形，两侧边缘内卷。果绿色至黄色，近球形，具4条浅沟纹，表面具油腺及微柔毛。花期4—8月；果期8—12月。

生境与分布 | 生于低丘灌丛、疏林下或林缘，为次生林常见树种。产于我国福建、广东、广西、海南、台湾、云南。

利用 | 茎干可制香。

161. 酒饼簕 *Atalantia buxifolia* (Poir.) Oliv.

别称：东风橘、假花椒、东风桔

形态特征 | 灌木，高可达2.5 m；分枝多，刺多，劲直，长达4 cm。叶硬革质，卵形、倒卵形、椭圆形或近圆形，顶端圆或钝，常凹入，有柑橘叶香气；叶缘有弧形边脉。花多朵簇生；花瓣白色，有油点。果圆球形，熟时蓝黑色。花期5—12月；果期9—12月。

生境与分布 | 生于海边灌丛、低丘陵或林下灌丛。产于我国福建、广东、广西、海南、台湾。

利用 | 叶有柑橘香气，可提取精油。

162. 手指柠檬 *Citrus australasica* F. Muell.

别称：指橙、澳洲指橙、手指香檬

形态特征 | 灌木，植株矮小，高约 1 m；树冠紧密，枝细节密，具细小茸毛。嫩叶带紫红色，刺多而细小；叶小无翼叶。花蕾小，白色，微显紫红色；花瓣3，白色，盛开时先端向外卷。果实形如手指；果皮淡黄色、绿色、黄色、黑色、棕色或紫色；果肉汁胞粒状似珍珠，橙黄色、黄色或粉红色等。种子小，短卵形。

生境与分布 | 原产于澳大利亚东部的热带和亚热带地区。法国、美国、日本也有分布。我国海南有栽培。

利用 | 可盆栽观赏，植株可作柑橘杂交亲本；果肉富含维生素 C，美容养颜。

163. 金柑 *Citrus japonica* Thunb.

别称：圆金橘、山蒳、金橘

形态特征 | 灌木，高达 2 m；小枝多，刺短。单叶，椭圆形，稀倒卵状椭圆形，全缘。花单生于叶柄与刺之间；花瓣白色，卵形，顶端尖；花丝合生呈筒状。果圆形或椭圆形，熟时橙红色。花期3—5月；果期10—12月。

生境与分布 | 生于山地疏林或灌丛中。我国福建、广东、广西、海南和台湾栽种较多。

利用 | 果皮可制成甘草作调料。

164. 柠檬 *Citrus × limon* (L.) Osbeck
别称：西柠檬、洋柠檬

形态特征｜灌木或小乔木；枝不规则，嫩叶及花蕾常呈暗紫红色，多锐刺。叶有较明显的翼叶；叶片阔椭圆形或卵状椭圆形。簇生或单花腋生，有时3~5组成总状花序；花瓣略斜展，背面淡紫色。果扁圆至圆球形，淡黄色（白黎檬）或橙红色；果肉淡黄色或橙红色，味酸。种子长卵形，平滑无棱。花期4—5月；果期9—11月。

生境与分布｜原产于东南亚。

利用｜果皮可提取精油，广泛应用于洗护产品；果汁可去除肉类腥味，增加清香味；果实切片晒干可泡水。

165. 香水柠檬 *Citrus* × *limon* 'Rosso'
别称：柠果、洋柠檬

形态特征 | 灌木或小乔木；新生嫩枝、芽及花蕾均暗紫红色，茎枝多刺。单叶，稀兼有单身复叶，但无翼叶；叶片椭圆形或卵状椭圆形。总状花序有花达12朵，有时兼有腋生单花；花两性；花瓣5。果椭圆形、近圆形或两端狭的纺锤形；果皮淡黄色，粗糙；内皮白色或略淡黄色，棉质，松软；果肉无色，近于透明或淡乳黄色，味酸或略甜，有香气。种子小，平滑。花期4—5月；果期10—11月。

生境与分布 | 喜温暖气候，丘陵坡地都适宜栽培。

利用 | 果皮可提取精油，广泛应用于洗护产品；果汁可作烹饪调料；果实切片晒干可泡水。

166. 柚 *Citrus maxima* (Burm.) Merr.
别称：大麦柑、橙子、文旦柚

形态特征｜乔木，高2～5 m。叶阔卵形或椭圆形；具翼叶。总状花序，有时兼有腋生单花；花蕾淡紫红色，稀乳白色。果圆球形、扁圆形、梨形或阔圆锥状，淡黄色或黄绿色；果实瓤囊10～15瓣或多至19瓣；汁胞白色、粉红色或鲜红色，少有带乳黄色。种子形状不规则，通常近似长方形。花期4—5月；果期9—12月。

生境与分布｜原产于亚洲东南部。

利用｜叶、花和果富含芳香油。

167. 佛手 *Citrus medica* 'Fingered'
别称：佛手柑、蜜罗柑

形态特征｜灌木或小乔木；茎枝多刺。单叶，稀兼有单身复叶，椭圆形或卵状椭圆形，无翼叶。总状花序；花瓣5，白色、红色或紫色。果实手指状肉条，果皮甚厚，淡黄色，通常无种子。花期4—5月；果期10—11月。

生境与分布｜原产于印度。

利用｜果常制作成果干食用。

168. 香橼 *Citrus medica* L.

别称：枸橼子、枸橼、香泡

形态特征 | 灌木或小乔木；茎枝多刺。单叶，稀兼有单身复叶，但无翼叶；叶片椭圆形或卵状椭圆形；叶缘有浅钝裂齿。总状花序有花达12朵，有时兼有腋生单花；花两性，有单性花趋向；花瓣5。果皮淡黄色，粗糙；内皮白色或略淡黄色，棉质松软；瓢囊10～15瓣，果肉无色，近于透明或淡乳黄色，爽脆，味酸或略甜，有香气。种子小，平滑。花期4—5月；果期10—11月。

生境与分布 | 原产于印度东北部。我国广西、贵州西南部、海南、四川、西藏东部、云南有分布。

利用 | 果皮可以提炼精油，用作香水的材料之一；还可晒干制成熏香。

169. 四季橘 *Citrus × microcarpa* Bunge
别称：四季桔、小青柑、酸柑

形态特征｜常绿灌木，成熟的植株可以长到2～6 m高。叶片单生，长椭圆形；叶柄具狭翅。花瓣4～5，白色；芳香。果实成熟后黄绿色或黄色；果包含6～9个肉质节。全年可开花结果。

生境与分布｜我国海南有栽培。

利用｜果实非常酸，但有很多食用用途，例如添加到果汁中，我们常喝的青橘柠檬茶中的青橘就是用的四季橘的果实；在海南当地，家家户户都会用四季橘替代醋当蘸料。

170. 小黄皮 *Clausena emarginata* C. C. Huang

别称：十里香、山鸡皮

形态特征｜乔木，高4～15 m；小枝灰棕褐色，无毛。羽状复叶；小叶5～11，互生，斜长形、菱形或宽楔形，叶缘具细圆齿。圆锥花序顶生；花瓣5，白色，开花时反折。果圆球形，淡黄色或乳黄色。花期3—4月；果期6—7月。

生境与分布｜生于石灰岩灌丛中。产于我国广西和云南。

利用｜香料植物。

171. 假黄皮 *Clausena excavata* Burm. f.

别称：野黄皮、山黄皮、过山香

形态特征｜小灌木，高1～2 m；小枝、叶轴均密被向上弯的短柔毛且散生微凸起的油点。小叶21～27，不对称，斜卵形、斜披针形或斜四边形；两面被毛或仅叶脉有毛，老叶几无毛。花序顶生；花蕾圆球形；花瓣白色或淡黄白色，卵形或倒卵形。果椭圆形，成熟时由暗黄色转为淡红色至朱红色，毛尽脱落。种子1～2颗。花期4—5月及7—8月，稀至10月仍开花（海南）；盛果期8—10月。

生境与分布｜生于低海拔丘陵、灌丛或疏林中。产于我国福建、广东、广西、海南、台湾、云南南部。柬埔寨、老挝、缅甸、泰国、印度、越南等地也有分布。

利用｜果实经过腌制加工，可成为调味上品，有独特香味。

172. 黄皮 *Clausena lansium* (Lour.) Skeels
别称：黄弹

形态特征｜小乔木，高达4～12 m。小叶5～11，小叶卵形或卵状椭圆形，常一侧偏斜。圆锥花序顶生；花蕾圆球形，有5条稍凸起的纵脊棱；花瓣长圆形，两面被短毛或内面无毛。果圆形、椭圆形或阔卵形，淡黄色至暗黄色，被细毛；果肉乳白色，半透明。种子1～4颗。花期3—4月；果期5—7月。

生境与分布｜我国福建、广东、广西、贵州、海南、四川、云南有栽培。越南有分布。

利用｜果实晒干可以作香料炖煮食物。

173. 光滑黄皮 *Clausena lenis* Drake
别称：白腊子、小麻木、鸡皮

形态特征｜灌木或小乔木。羽状复叶，小叶10～14，互生，斜长方形，叶缘具疏而粗大钝齿。圆锥花序顶生；花瓣5，白色，倒卵形。果卵球形或近圆球形，布满腺点。花期4—6月；果期8—9月。

生境与分布｜生于河谷灌丛及山坡疏林。产于我国广西、海南、云南。

利用｜果实晒干可以作香料炖煮食物。

174. 光叶山小橘 *Glycosmis craibii* var. *glabra* (Craib) Tanaka

别称：光叶山小桔

形态特征 | 小乔木，高达5 m；小枝圆柱形，无毛。单叶或具3~5小叶，小叶长圆形至狭长圆形，常全缘。聚伞花序排列呈圆锥状，腋生；花瓣5，白色，长圆形，早落。果成熟时近圆球形或倒卵形，橙红色。花期3—4月；果期5—6月。

生境与分布 | 生于丘陵坡地灌木或杂木林中。产于我国海南。

利用 | 叶片和果实可以作香料。

175. 山小橘 *Glycosmis pentaphylla* (Retz.) Correa

别称：石苓舅、五叶山小桔、五叶山小橘

形态特征 | 小乔木，高达5 m；花序轴、小叶柄及花萼裂片初时被褐锈色微柔毛。叶具小叶3~5，小叶长圆形，稀卵状椭圆形；叶缘具疏离锯齿。圆锥花序腋生及顶生，花瓣早落，白色或淡黄色，油点多。果近圆球形，淡红色。花期7—10月；果期翌年1—3月。

生境与分布 | 生于山坡或山沟杂木林中。产于我国云南南部及西南部。

利用 | 叶片和果实可以作香料。

176. 三叶藤橘 *Luvunga scandens* (Roxb.) Buch.-Ham. ex Wight et Arn. Prodr.
别称：鲁望桔、三叶藤桔

形态特征 | 木质藤本；茎干下部具长直刺，上部具短钩刺。复叶具3小叶，茎下部常为单叶，小叶狭长椭圆形或卵状长圆形；两面密生腺点，无毛。总状花序；花瓣4，白色，肉质，长圆形。核果浆果状，球形，黄色，密生腺点。花期3—4月；果期10—12月。

生境与分布 | 生于河岸或溪谷较湿润的常绿阔叶林中，常攀缘于树上。产于我国海南和云南。

利用 | 叶可提取精油。

177. 贡甲 *Maclurodendron oligophlebium* (Merrill) T. G. Hartley
别称：白山柑

形态特征 | 乔木，高达14 m。叶倒卵状长圆形或长椭圆形，纸质，全缘；叶柄基部略膨大呈枕状。聚伞花序；花瓣4，青白色，阔卵形或三角状卵形；花柱和花丝极短。核果近球形，黄色，半透明。花期4—8月；果期8—12月。

生境与分布 | 生于低丘陵坡地次生林中。我国仅海南有分布。

利用 | 叶可提取精油。

178. 三桠苦 *Melicope pteleifolia* (Champion ex Bentham) T. G. Hartley

别称：三叉苦、三孖苦、三丫虎

形态特征 | 灌木或小乔木，高2~6 m；树皮灰色或青灰色。复叶具3小叶，小叶长椭圆形或倒卵状椭圆形，全缘。伞房状圆锥花序腋生；花白色；花瓣4，卵形至长圆形。核果淡黄色或褐色。花期4—6月；果期7—10月。

生境与分布 | 生于坡地常绿阔叶林中。产于我国福建、广东、广西、海南、台湾。

利用 | 叶片可采用常规提取法开发新型烟用香料。

179. 小芸木 *Micromelum integerrimum* (Buch.-Ham.) Roem.

别称：半边枫、鸡屎果、山黄皮

形态特征 | 小乔木，高达8 m；树皮灰色，平滑。复叶具7~15小叶，小叶斜卵状椭圆形、斜披针形或斜卵形，边缘浅波状，上面无毛。伞房花序顶生；花白色；花瓣5，长圆形，外面密被柔毛。浆果纺锤形、圆球形或倒卵形，熟时橘黄色或朱红色。花期2—4月；果期7—9月。

生境与分布 | 生于热带沟谷密林中或石灰岩混交林内。产于我国广东、广西、贵州、云南。

利用 | 花、果可提取芳香油。

180. 翼叶九里香 *Murraya alata* Drake

形态特征 | 灌木，高1～2 m；枝黄灰色或灰白色。羽状复叶，小叶5～9，小叶倒卵形或倒卵状椭圆形；叶轴有翼；小叶柄极短。聚伞花序顶生；花瓣5，白色。果卵形或圆球形。花期5—7月；果期10—12月。

生境与分布 | 常生于离海岸不远的沙地灌木丛。产于我国广东、广西、海南。

利用 | 花芳香，可提取精油；植株美观，可作盆栽观赏。

181. 九里香 *Murraya exotica* L.

别称： 七里香、千里香、月橘

形态特征 | 灌木或小乔木，高可达8 m；枝白灰色或淡黄灰色。羽状复叶，小叶3～7，小叶倒卵形成倒卵状椭圆形，两侧常不对称；小叶柄极短。圆锥状聚伞花序；花白色，芳香；花瓣5，长椭圆形，盛花时反折。核果阔卵形或椭圆形，橙黄色至朱红色。花期4—8月；果期9—12月。

生境与分布 | 常生于离海岸不远的平地、缓坡、小丘的灌木丛中。产于我国福建、广东、广西、海南、台湾。

利用 | 花、叶、果均含精油，可用于化妆品香精、食品香精；叶可作调味香料；株形美观，南部地区多用作围篱或盆景。

182. 调料九里香 *Murraya koenigii* (L.) Spreng.

别称：咖喱、哥埋养榴、麻绞叶

形态特征｜灌木或小乔木，高达4 m；嫩枝密被短柔毛。羽状复叶，小叶17～31，小叶斜卵形或斜卵状披针形。伞房状聚伞花序；花序轴密被褐色短柔毛；花瓣5，白色，长圆形至倒披针形。核果浆果状，椭圆形至圆球形，紫色转红色。花期3—4月；果期7—8月。

生境与分布｜生于石灰灌丛、沟谷季雨林或沿海沙土灌丛中。产于我国广东、海南、云南。

利用｜嫩叶可作咖喱调料；小叶及果实均可提取芳香油。

183. 小叶九里香 *Murraya microphylla* (Merr. et Chun) Swingle

别称：满江香、七里香

形态特征｜灌木或小乔木。羽状复叶，小叶11～21，小叶较小，近圆形、卵形或椭圆形；两面无毛。聚伞花序有花10～30朵；花瓣5，白色。核果朱红色，椭圆形至圆球形。花期一年2次，4—5月和7—10月；果期8—12月。

生境与分布｜生于沿海地带的沙土灌丛中。产于我国广东、海南。

利用｜叶可作调味香料；花、叶和果均含精油，可用于化妆品行业；亦可作盆景观赏。

184. 单叶藤橘 *Paramignya confertifolia* Swing.
别称：藤橘、野橘、狗屎橘

形态特征｜木质攀缘藤本，高达6 m。叶椭圆形或卵形，基部圆，很少楔尖，两面无毛；叶缘有甚细小的圆裂齿或全缘。单花或三花出自叶腋间；花蕾椭圆形；花瓣5，白色，有油点。果近圆球形，无毛，成熟的果黄色，果皮有粗大油点，有松节油的香气。种子小，卵形，单胚。花期7—9月；果期10—12月。

生境与分布｜生于河岸或溪谷沿岸沙土湿润地方，攀缘于树上。产于我国广东、广西南部、海南、云南南部（西双版纳）。越南北部也有分布。

利用｜花、叶和果可提取精油。

185. 楝叶吴茱萸 *Tetradium glabrifolium* (Champion ex Bentham) T. G. Hartley
别称：野吴萸、臭吴萸、楝叶吴萸

形态特征｜乔木，高达20 m；幼枝紫褐色。羽状复叶，小叶7～11，小叶斜卵状披针形，叶背灰绿色，无毛。花序顶生；花瓣白色，腹面被短柔毛。果紫红色，具果瓣3～5。花期7—9月；果期10—12月。

生境与分布｜生于林缘或平地常绿阔叶林中。产于我国安徽、福建、广东、广西、贵州、海南、河南、湖北、湖南、江西、陕西、四川、台湾、云南、浙江。

利用｜鲜叶、树皮及果皮均有臭辣气味，以果皮的气味最浓，可作香料。

186. 飞龙掌血 *Toddalia asiatica* (L.) Lam.

别称：见血飞、三百棒、猫爪簕

形态特征 | 木质藤本；老茎具木栓层，茎枝及叶轴具倒钩刺，表皮纵裂。复叶具3小叶，小叶片倒卵状长圆形、倒卵形或长圆形。雄花序为伞房状圆锥花序，雌花序为聚伞圆锥花序。果球形，果皮橘黄色至紫红色。花期10—12月；果期12月至翌年2月。

生境与分布 | 分布于山地林缘、灌丛或次生林下，常攀缘于树上。产于我国秦岭南坡以南各地。

利用 | 叶片、果实可作香料和药物。

187. 锦橘果 *Triphasia trifolia* (Burm. f.) P. Wilson
别称：香吉果

形态特征｜常绿灌木，稀为小乔木，高可达2～3 m；指状枝有锐刺，细枝在茎节处呈小幅度"之"字形。三出复叶，小叶卵形或椭圆形；腹面呈光滑的暗绿色，背面淡绿色；叶基有锐刺1～2枚。花腋生；花瓣3，白色。果实椭圆形，成熟后红色，带有明显的腺点；果肉像果冻，有浓烈的芸香味。种子1～4颗；种皮带绿色。花期11月至翌年3月；果期12月至翌年5月。

生境与分布｜生长在次生林、灌丛、沿海森林和河岸等地带。原产于马来西亚。

利用｜果可食，熟时可制作果酱。

188. 刺花椒 *Zanthoxylum acanthopodium* DC.

别称：狗花椒、姐色果、毛刺花椒

形态特征 | 小乔木，高2～5 m；皮刺近水平伸出，基部宽扁。奇数羽状复叶；叶轴具翼；小叶2～5对，对生，披针形，边缘具细圆锯齿。聚伞花序腋生，花小而密集；花被裂片狭线形。果聚生成簇，红色或紫红色。花期4—5月；果期9—10月。

生境与分布 | 生于林缘山坡灌丛或疏林下。产于我国广西、贵州、四川、西藏、云南。

利用 | 果作花椒代品，为食品调味剂及香料。

189. 竹叶花椒 *Zanthoxylum armatum* DC.

别称：野花椒、山花椒、土花椒

形态特征 | 小乔木，高达5 m；枝有皮刺，水平或弯斜，基部扁而宽。奇数羽状复叶；叶轴、叶柄具翼；小叶2～4对，对生，披针形、椭圆形或卵形，下面中脉常被小刺。聚伞圆锥花序生于叶腋或小枝顶端；花小，淡黄绿色；花被片三角形。果紫红色，圆球形。花期3—5月；果期6—8月。

生境与分布 | 生于山坡灌丛中。产于我国东南部至西南部地区，最南至广东南部，最北达秦岭。

利用 | 果可作调味香料。

190. 簕欓花椒 *Zanthoxylum avicennae* (Lam.) DC.

别称：勒欓、花椒簕、鸡咀簕

形态特征 | 落叶乔木，高达12 m；幼树枝叶密被刺。奇数羽状复叶，叶轴具窄翅；小叶11～21对，常对生，斜卵形、斜长方形或镰刀状。伞房状聚伞花序顶生；花瓣5，淡青色，长圆形或卵状长圆形。果紫红色，表面有粗大腺点。花期6—8月；果期9—10月。

生境与分布 | 生于低海拔平地、坡地或谷地。产于我国福建、广东、广西、海南、台湾、云南。

利用 | 鲜叶、根皮及果皮均有花椒气味；树皮可提取芳香油。

191. 琉球花椒 *Zanthoxylum beecheyanum* K. Koch

别称：胡椒木

形态特征 | 常绿灌木，高0.5～1 m，具浓烈胡椒香味；茎部有疏刺。奇数羽状复叶，叶轴有狭翼，叶基有短刺2枚；小叶对生，倒卵形，密生腺体。雄花黄色，雌花红橙色。果椭圆形，绿褐色。花期3—5月。

生境与分布 | 原产于琉球群岛、小笠原群岛。我国有栽培。

利用 | 琉球花椒叶具浓烈胡椒香味，其果实也常被用于烹饪的调味品。

192. 花椒 *Zanthoxylum bungeanum* Maxim.

别称：蜀椒、秦椒、胡椒木

形态特征｜乔木，高3～7 m；茎枝具皮刺。奇数羽状复叶，叶基有2枚短刺，叶轴有狭翼；小叶对生，倒卵形，有光泽。聚伞状圆锥花序顶生；花小，有香味，黄绿色。果实椭圆形，紫红色。花期4—5月；果期8—10月。

生境与分布｜生于河边、山坡、灌丛林中及房前屋后。产于我国秦岭以南地区。常见栽培。

利用｜花椒为我国传统香料，又是一种芳香防腐剂。

193. 异叶花椒 *Zanthoxylum dimorphophyllum* Hemsl.

别称：三叶花椒、羊山刺、刺三加

形态特征 | 乔木，高达10 m；枝无刺。单叶或具3小叶复叶；小叶对生，卵形或椭圆形，边缘具钝锯齿。聚伞状圆锥花序腋生及顶生；花被片淡黄绿色。果初时绿色，后变为紫红色。花期4—6月；果期9—11月。

生境与分布 | 生于山地林中或溪边灌丛。产于我国甘肃、广东、广西、贵州、海南、河南、湖北、湖南、陕西、四川、台湾、云南。

利用 | 成熟果也可作调味品。

194. 墨脱花椒 *Zanthoxylum motuoense* Huang

形态特征 | 落叶小乔木，高达15 m；具刺，常生于叶痕旁，基部增厚呈垫状。单叶或具3小叶，小叶阔椭圆形或倒卵形，叶缘有波浪状细齿。花序约与新叶同时抽出。果序呈圆锥状，果柄和果序轴均密被毛；蓇葖果椭圆形。果期9—10月。

生境与分布 | 生于山坡灌丛中。我国仅产于西藏墨脱地区。海南有栽培。

利用 | 叶片、果实可作调味香料。

195. 两面针 *Zanthoxylum nitidum* (Roxb.) DC.
别称：大叶猫爪簕、叶下穿针

形态特征 | 木质藤本；茎枝、叶轴下面及小叶两面中脉常具钩刺。奇数羽状复叶，小叶5～11，对生，宽卵形或椭圆形，先端尾状，顶端微凹。聚伞圆锥花序腋生；萼片4，紫红色；花瓣4，淡黄绿色。果熟时红褐色。花期3—5月；果期9—11月。

生境与分布 | 生于灌丛。产于我国福建、广东、广西、贵州、海南、湖南、台湾、云南、浙江。

利用 | 叶片可作调料食用。

196. 青花椒 *Zanthoxylum schinifolium* Sieb. et Zucc.

别称：野椒、青椒、山花椒

形态特征 | 灌木，高达 2 m；茎枝无毛，基部具侧扁短刺。奇数羽状复叶，叶轴具窄翅；小叶 7～19，对生，宽卵形、披针形或宽卵状菱形。伞房状聚伞花序顶生；花瓣淡黄白色，长圆形。果熟时红褐色。花期 7—9 月；果期 9—12 月。

生境与分布 | 生于山地疏林或山坡灌丛中。产于我国安徽、福建、广东、广西、贵州、河北、河南、湖北、湖南、江苏、江西、辽宁、山东、台湾、浙江。

利用 | 果可当花椒代品，作食品调味料。

（三十）楝科 Meliaceae

197. 米仔兰 *Aglaia odorata* Lour.

别称：暹罗花、山胡椒、小叶米仔兰

形态特征 | 灌木或小乔木，高 3～8 m。羽状复叶，叶轴及叶柄具窄翅；小叶 3～5，对生，倒卵形至长椭圆形。圆锥花序腋生；花黄色，极香；花瓣 5，长圆形或近圆形。浆果卵形或近球形。花期 6 月和 11 月。

生境与分布 | 生于疏林或灌木林中。产于我国广东、广西、海南。常见栽培。

利用 | 花可作熏茶的香料，亦可提取芳香油。

198. 香椿 *Toona sinensis* (A. Juss.) Roem.
别称：毛椿、椿芽、春甜树

形态特征｜落叶乔木，高达25 m；小枝干时红褐色，无毛，具苍白色皮孔。偶数羽状复叶，小叶8~10对，卵状披针形至卵状长圆形，背面常粉绿色。聚伞圆锥花序，花瓣5，白色，长圆形。蒴果窄椭圆形。种子上端具膜质长翅。花期6—7月；果期10—11月。

生境与分布｜生于山谷、溪旁或山坡疏林中。我国华北、华东、华中、华南及西南部地区都有产。

利用｜幼芽嫩叶芳香可口，供蔬食。

（三十一）锦葵科 Malvaceae

199. 黄葵 *Abelmoschus moschatus* Medicus
别称：野油麻、山油麻、黄蜀葵、野棉花

形态特征｜一年生或二年生草本；茎、小枝、叶柄及叶片疏被硬毛。叶掌状5~7裂，具不规则锯齿；托叶线形。花单生叶腋；花萼佛焰苞状；花瓣5，倒卵圆形，黄色，内面基部暗紫色。蒴果长圆形，顶端尖，被黄色长硬毛。

生境与分布｜生于平原、山谷、沟旁或草坡灌丛中。原产于柬埔寨、老挝、泰国、印度及越南等地。我国广东、广西、湖南、江西、台湾等省区有栽培或逸生。

利用｜种子具麝香味，用水蒸气蒸馏法可提制芳香油，是名贵的高级调香料。

200. 玫瑰茄 *Hibiscus sabdariffa* L.

别称：山茄子、洛神花

形态特征｜一年生直立无刺草本，高1～2 m；茎、枝淡紫色。茎下部叶卵形，不裂，上部叶掌状3深裂，具锯齿。花单生于叶腋，近无梗；小苞片8～12，肉质，披针形；萼杯形，淡紫色；花冠黄色，中央深红色。蒴果卵球形，密被粗毛。花期7—10月；果期10—11月。

生境与分布｜原产于东半球热带地区。我国福建、广东、海南、台湾和云南南部热地引入栽培。

利用｜花萼和总苞肉质，味酸，常用以泡水饮用。

201. 二色可可 *Theobroma bicolor* Bonpl.

别称：双色可可

形态特征 | 常绿乔木，高达12 m；嫩枝绿色，被白色柔毛。叶大型，卵状心形，排成两列，基部心形；具基出脉7～9。花红色；萼裂片5，倒卵形；花瓣5，短于萼，椭圆形，内凹。果椭圆形，成熟时黄色或黄褐色，表面具网状纹饰。

生境与分布 | 原产于委内瑞拉南部至秘鲁。我国海南有培育。

利用 | 种子可用于制作巧克力；果肉可鲜食，也可以用来制作果汁或冰淇淋。

202. 可可 *Theobroma cacao* L.

别称：巧克力树

形态特征 | 常绿乔木，高达12 m；树皮暗灰褐色。叶卵状长椭圆形或倒卵状椭圆形，先端长渐尖。聚伞花序；花萼粉红色，裂片5，长披针形，宿存；花瓣5，淡黄色，下部盔状并骤窄而反卷。核果椭圆形或长椭圆形，初为淡绿色，后变为深黄色或近于红色，干燥后为褐色。花期5—11月；果期4—5月和9—11月。

生境与分布 | 原产于美洲中部及南部。在我国海南和云南南部有栽培。

利用 | 种子是可可粉和巧克力的主要原料，可可为世界上三大饮料之一。

203. 大花可可 *Theobroma grandiflorum* (Willd. ex Spreng.) K.Schum.
别称：古朴阿苏

形态特征｜常绿乔木，高达20 m；树皮灰色或褐色。叶长圆形或倒卵状椭圆形。聚伞花序有花2～4朵；萼片三角形，黄绿色，背面被锈色柔毛；花瓣近圆形，红色至紫红色。核果浆果状，椭圆形，长20～25 cm；果壳棕褐色，粗糙；果肉奶油色，多汁且芳香。

生境与分布｜原产于亚马孙平原的热带雨林中。兴隆热带植物园有引种栽培。

利用｜果肉具有梨、香蕉、菠萝和杧果的混合味道，可以直接生吃，也可用于制作新鲜果汁、果酱、冰激凌等；果肉内的种子，可提取天然的乳状油脂（可可脂）。

（三十二）瑞香科 Thymelaeaceae

204. 土沉香 *Aquilaria sinensis* (Lour.) Spreng.

别称：沉香、牙香树、白木香

形态特征 | 常绿乔木，高达15 m。叶椭圆形、长圆形或倒卵形，上面光亮。花数朵组成伞形花序；花萼钟状，裂片5，卵形，淡黄绿色；花瓣10，鳞片状。蒴果卵状球形，绿色，密被黄色柔毛，2瓣裂。花期春夏季；果期夏秋季。

生境与分布 | 生于低海拔的山地、丘陵及路边阳处疏林中。产于我国福建、广东、广西、海南。

利用 | 可作香料，俗称"沉香"，为众香之首；树皮纤维可作高级纸原料及人造棉；可提取芳香油。野生种为国家二级保护野生植物。老茎受伤后所积得的树脂，俗称沉香，可作香料原料；木质部可提取芳香油；花可制浸膏。

(三十三) 龙脑香科 Dipterocarpaceae

205. 坡垒 *Hopea hainanensis* Merr. & Chun

形态特征｜乔木，具白色芳香树脂，高约20 m。叶近革质，长圆形至长圆状卵形。圆锥花序腋生或顶生；花瓣5，旋转排列，长圆形或长圆状椭圆形。果实卵圆形，具尖头，被蜡质；增大的2枚花萼裂片为长圆形或倒披针形。花期6—7月；果期11—12月。

生境与分布｜生于密林中。产于我国海南。

利用｜树脂可作香料。

206. 青梅 *Vatica mangachapoi* Blanco
别称：青皮、海梅、苦香

形态特征｜乔木，具白色芳香树脂，高约20 m。叶革质，全缘，长圆形至长圆状披针形。圆锥花序顶生或腋生；花瓣白色，有时为淡黄色或淡红色，芳香，长圆形或线状匙形。果实球形；增大的花萼裂片其中2枚较长，先端圆形，具纵脉5条。花期5—6月；果期8—9月。

生境与分布｜生于丘陵、坡地林中。产于我国海南。越南、泰国、菲律宾、印度尼西亚等有分布。

利用｜树脂可作香料。

（三十四）檀香科 Santalaceae

207. 檀香 *Santalum album* L.
别称：真檀

形态特征 | 常绿乔木，高约10 m；枝具条纹，小枝细长。叶椭圆状卵形，边缘波状，背面有白粉。三歧聚伞式圆锥花序腋生或顶生；花被管钟状，淡绿色；花被4裂，裂片卵状三角形，内部初时绿黄色，后呈深棕红色。核果，外果皮肉质多汁，熟时深紫红或紫黑色。花期5—6月；果期7—9月。

生境与分布 | 原产于太平洋岛屿。我国广东、台湾有栽培。

利用 | 檀香有强烈香气，是贵重的药材和名贵的香料。

（三十五）蓼科 Polygonaceae

208. 水蓼 *Persicaria hydropiper* (L.) Spach
别称：辣柳菜、辣蓼

形态特征 | 一年生草本；茎直立，多分枝，无毛。叶披针形或椭圆状披针形；托叶鞘筒状，顶端截形，具短缘毛。总状花序呈穗状，顶生或腋生；苞片漏斗状，绿色；花被5深裂，裂片椭圆形，上部白色或淡红色。瘦果卵形，黑褐色，包于宿存花被内。花期5—9月；果期6—10月。

生境与分布 | 生于河滩、水沟边或山谷湿地。我国南北各省区均有产。

利用 | 古代民间，水蓼也常被人们当辣椒用。

209. 香辣蓼 *Persicaria odorata* (Lour.) Soják
别称：芳香蓼、叻沙、越南芫荽

形态特征 | 一年生草本；茎绿色至红棕色，有关节。叶披针形至狭披针形，顶端尾状渐尖；托叶鞘筒状，顶端具稀疏的短缘毛。总状花序；花序顶生，穗状；苞片膜质，漏斗状；花被片5，长倒卵形，白色或粉色。瘦果卵状三棱形，褐色。花期7—10月；果期8—12月。

生境与分布 | 生长于温暖潮湿的草丛、沟边、路边及林缘。原产于中南半岛。我国广东、广西、海南、江西、云南有栽培或归化。

利用 | 在东南亚地区常用叶子来烹调食物。我国傣族人用新鲜叶片及嫩茎作火锅汤料或蘸水调料。

210. 香蓼 *Persicaria viscosa* (Buch.-Ham. ex D. Don) H. Gross ex Nakai
别称：粘毛蓼

形态特征 | 一年生草本，多分枝，全株密被长糙硬毛及腺毛。叶卵状披针形或宽披针形，沿叶柄下延，两面被糙硬毛，密生缘毛；托叶鞘筒状，具长缘毛。穗状花序；苞片漏斗状；花被5深裂，淡红色，花被片椭圆形。瘦果宽卵形，具3棱。花期7—9月；果期8—10月。

生境与分布 | 生于路旁湿地或沟边草丛。产于我国东北、华东、华南、华中地区，贵州、陕西、四川、云南等省区也有产。

利用 | 植株可提取精油。

(三十六)报春花科 Primulaceae

211. 灵香草 *Lysimachia foenum-graecum* Hance
别称：香草、尖叶子、驱蛔虫草

形态特征 | 多年生草本，干后有浓郁香气；老茎匍匐，当年生茎上部直立，具棱。叶片卵形或椭圆形，具短尖头，叶基下延呈狭翅状。花单生叶腋；花冠黄色，裂片椭圆形。蒴果近球形，具多数纵肋。花期4—5月；果期6—7月。

生境与分布 | 生于山谷溪边和林下的腐殖质土壤中。产于我国广东、广西、湖南和云南。

利用 | 全草干后芳香，旧时民间妇女用以浸油梳发或置入箱柜中熏衣物，香气经久不散，并可防虫；可提炼香精，用作加工烟草及化妆品的香料。

(三十七)山茶科 Theaceae

212. 茶 *Camellia sinensis* (L.) O. Ktze.
别称：茶树、茗、大树茶

形态特征 | 灌木或小乔木。叶长圆形或椭圆形，具锯齿。花1~3朵腋生，白色；萼片5，阔卵形，外面无毛，里面被细绢毛，宿存；花瓣5~6，宽卵形。蒴果三球形。花期10月至翌年2月；果期翌年10月。

生境与分布 | 生于山地疏林下。产于我国长江以南各省区。现广泛栽培。

利用 | 茶的嫩芽和叶片加工后即为茶叶。

213. 普洱茶 *Camellia sinensis* var. *assamica* (J. W. Masters) Kitamura

别称：苦茶、多脉普洱茶、大叶茶

形态特征 | 本种与原变种的区别在于常为乔木。叶片较大，椭圆形，宽 9 cm，背面沿中脉被柔毛。花较大，萼片较大而无毛。

生境与分布 | 生于山地疏林下。产于我国广东、广西、海南、云南。现广泛栽培。

利用 | 嫩芽和叶片用来烹茶，是中国特种名茶之一，适制红茶。

214. 白毛茶 *Camellia sinensis* var. *pubilimba* Chang

别称：细萼茶、狭叶茶

形态特征 | 灌木或乔木。本变种与原变种的区别在于萼片外面被柔毛。

生境与分布 | 生于海拔 800～1 500 m 的阔叶林下或林缘灌丛中。产于我国广东、广西、海南和云南。

利用 | 中国特种名茶之一，适制白茶、红茶、绿茶。

（三十八）茜草科 Rubiaceae

215. 小粒咖啡 *Coffea arabica* L.
别称：小果咖啡、阿拉伯咖啡、阿拉比卡咖啡

形态特征 | 灌木或乔木，高达8 m；老枝灰白色，节膨大。叶对生，椭圆形、长圆形、卵状披针形或披针形；托叶宽三角形，上部芒尖。聚伞花序数个簇生于叶腋；萼管管状，顶部截平或具5小齿；花冠白色。浆果成熟时阔椭圆形，红色。花期3—4月。

生境与分布 | 原产于埃塞俄比亚或阿拉伯半岛。我国福建、广东、广西、贵州、海南、四川、台湾、云南均有种植。

利用 | 种子加工后做饮料；果皮也可以做成果皮茶饮用。

216. 中粒咖啡 *Coffea canephora* Pierre ex Froehn.
别称：中果咖啡、罗布斯塔咖啡

形态特征 | 灌木或乔木，高达8 m；侧枝长下垂，外皮灰白色。叶椭圆形、卵状长圆形或披针形；托叶三角形，先端锐尖。聚伞花序簇生于叶腋；萼管短管形，顶部截平或具不明显的小齿；花冠白色。浆果近球形。花期4—6月。

生境与分布 | 原产于非洲赤道地区。我国广东、海南、云南有引入并少量种植。

利用 | 种子加工后做饮料；果皮也可以做成果皮茶饮用。

217. 大粒咖啡 *Coffea liberica* Bull ex Hiern

别称：大果咖啡、利比里亚咖啡

形态特征 | 灌木或乔木，高达15 m。叶椭圆形、倒卵状椭圆形或披针形，先端锐尖，下面脉腋小窝孔具丛毛；托叶基部合生，宽三角形，先端钝。聚伞花序2个至数个簇生叶腋，花序梗极短；花白色。浆果宽椭圆形，成熟时鲜红色。花期1—5月。

生境与分布 | 原产于非洲西海岸的利比里亚的低海拔森林内。我国广东、海南和云南均有栽培。

利用 | 种子加工后做饮料；果皮也可以做成果皮茶饮用。

218. 总序咖啡 *Coffea racemosa* Lour.

别称：拉西奥皮丝咖啡、总状咖啡

形态特征 | 落叶灌木，高达3.5 m。叶簇生于短侧枝上，椭圆形，边缘波浪状，全缘。花单生或几朵簇生于叶腋内；花白色带粉红色；花冠裂片6～12，边缘反卷。浆果近球形，成熟时紫色至黑色。

生境与分布 | 原产于南非。兴隆热带植物园有引种栽培。

利用 | 种子加工后可作饮料，咖啡因含量低。

219. 栀子 *Gardenia jasminoides* Ellis

别称：野栀子、黄栀子、栀子花

形态特征 | 常绿灌木，高达3 m。叶对生，稀3枚轮生，长圆状披针形、倒卵状长圆形、倒卵形或椭圆形；托叶膜质，基部合生成鞘。花单朵生于枝顶，芳香；萼管有纵棱，膨大，宿存；花冠白色或乳黄色，高脚碟状，常6裂，裂片平展。果卵形、近球形、椭圆形或长圆形，黄色或橙红色，有纵棱。花期3—7月；果期5月至翌年2月。

生境与分布 | 生于旷野、丘陵、山谷、山坡、溪边的灌丛或林中。产于我国安徽、福建、广东、广西、贵州、海南、湖北、湖南、江苏、江西、山东、四川、台湾、香港、云南、浙江。

利用 | 果干燥后，可泡茶；花可提取精油，广泛应用于化妆品行业。

220. 海滨木巴戟 *Morinda citrifolia* L.
别称：海巴戟、海巴戟天

形态特征 | 常绿灌木至小乔木；枝近四棱形。叶交互对生，长圆形、椭圆形或卵圆形，全缘；托叶生叶柄间，上部扩大呈半圆形，无毛。头状花序于叶对生，花多数，无梗；花冠白色，漏斗形，喉部密被长柔毛，顶部5裂，裂片卵状披针形。聚花核果浆果状，卵形，熟时白色。花果期全年。

生境与分布 | 生于海滨平地或疏林下。产于我国广东、海南和台湾。

利用 | 果可发酵后作果汁饮用。

221. 白花蛇舌草 *Scleromitrion diffusum* (Willd.) R. J. Wang
别称：蛇舌草、蛇总管

形态特征 | 一年生披散、纤细草本，全株无毛。叶线性，无柄，中脉凹下；托叶基部合生，先端芒尖。花单生或双生叶腋；萼筒球形；花冠白色，筒状，冠筒喉部无毛。蒴果扁球形。花期夏秋季。

生境与分布 | 常生于水田、田埂和湿润的旷地。产于我国安徽、广东、广西、海南、香港和云南。

利用 | 全株可作饮料。

（三十九）夹竹桃科 Apocynaceae

222. 南山藤 *Dregea volubilis* (L. f.) Benth. ex Hook. f.
别称：台湾球兰

形态特征 | 木质藤本；茎有皮孔；枝条灰褐色，有小瘤状突起。叶对生，宽卵形或近圆形。伞形状聚伞花序腋生，倒垂；花冠黄绿色，芳香，裂片宽卵形，具缘毛；副花冠裂片肉质膨胀，内角延伸呈角状。蓇葖果披针状圆柱形，果皮披白粉，具多皱棱翅或纵肋。花期4—9月；果期7—12月。

生境与分布 | 生于中低海拔山地林中，常攀缘于大树上。产于我国广东、广西、贵州、台湾、香港、云南。

利用 | 嫩叶和花可食。

223. 夜来香 *Telosma cordata* (Burm. f.) Merr.
别称：夜香花、夜兰香、夜香藤

形态特征 | 藤状灌木；幼枝被柔毛，老枝无毛，有皮孔。叶卵形，基部深心形，基脉三出；叶柄顶端丛生3～5个小腺体。伞状聚伞花序腋生；萼片长圆状披针形；花冠黄绿色，芳香，裂片长圆形，冠筒喉部被长柔毛；副花冠裂片下部卵形，上部舌状渐尖。蓇葖果披针形。花期5—8月；果期秋季。

生境与分布 | 生于山坡灌木丛中。产于我国华南地区。南方各省区均有栽培。

利用 | 花芳香，可蒸香油。

224. 卧茎夜来香 *Telosma procumbens* (Blanco) Merr.
别称： 华南夜来香

形态特征｜ 藤状灌木；茎无毛。叶卵形、长圆形或卵状长圆形。聚伞花序伞状，腋外生；花萼裂片卵形；花冠淡绿色或黄绿色，无香味，裂片长圆形，喉部被长柔毛；副花冠裂片顶端呈舌状渐尖，背部隆起。蓇葖果柱状披针形。花期5月；果期秋季。

生境与分布｜ 生长于山地溪旁灌木丛中。产于我国广东、广西、海南和云南。

利用｜ 花芳香，可蒸香油。

（四十）茄科 Solanaceae

225. 辣椒 *Capsicum annuum* L.
别称： 菜椒、辣子、海椒

形态特征｜ 一年生草本或灌木状。叶长圆状卵形、卵形或卵状披针形，全缘。花单生或数朵簇生，俯垂；萼杯状，具5短尖；花冠辐状，白色，裂片长卵形。浆果俯垂，长指状，向顶端渐尖，弯曲，幼时绿色，成熟后变红色，橘黄色或紫红色。花果期5—11月。

生境与分布｜ 原产于南美洲。在明朝万历以后引入我国，现各地普遍栽培。

利用｜ 可作为重要蔬菜及日用调味品。

226. 朝天椒 *Capsicum annuum* var. *conoides* (Mill.) Irish
别称： 五色椒、指天椒、观赏椒

形态特征 | 一年生草本；植株常二歧分枝。叶卵形，全缘。花常单生于二分叉间；花梗直立，花稍俯垂；花冠白色或带紫色。果簇生于枝端，直立，果实较小，圆锥状，成熟后红色或紫色。花期5—7月；果期6—9月。

生境与分布 | 原产于南美洲热带地区。我国约在17世纪引进栽培，现各地均有栽种。

利用 | 可作调味品，果较辣；由于果鲜艳可爱，常盆栽观赏。

227. 中华辣椒 *Capsicum chinense* Jacq.
别称： 黄灯笼辣椒、黄辣椒

形态特征 | 多年生草本，极多分枝。叶披针形或卵状披针形，边缘全缘或浅波状。花簇生于分枝处；花梗下垂；花萼杯状，具5～7小齿；花冠辐射状，白色至绿白色。果俯垂，似灯笼状，熟时红色或黄色。花期10月；果期12月。

生境与分布 | 原产于南美洲。我国海南地区为主要产区。

利用 | 果极辣，为重要蔬菜，常加工成辣椒酱，为海南特产。

228. 夜香树 *Cestrum nocturnum* L.
别称：夜来香、夜丁香、洋素馨

形态特征 | 直立或近攀缘状灌木；植株无毛；枝条细长下垂。叶长圆状卵形或长圆状披针形，全缘。伞房状聚伞花序；花绿白色至淡绿色，晚间香气浓烈；花萼钟状，5浅裂；花冠高脚碟状，冠筒长，下部细向上渐宽大，裂片卵形。浆果长圆形，白色，多汁。花果期全年。

生境与分布 | 原产于南美洲。我国福建、广东、广西、海南、云南均有栽培。

利用 | 花极香，在印度和南亚其他国家被广泛用于香水制作。

229. 烟草 *Nicotiana tabacum* L.
别称：烟叶

形态特征 | 一年生草本。叶长圆状披针形、披针形、长圆形或卵形，基部渐窄成耳状半抱茎。圆锥花序顶生；花萼筒状或筒状钟形，裂片三角状披针形；花冠漏斗状，淡红色，稍弓曲。蒴果卵圆形或椭圆形。花果期夏秋季。

生境与分布 | 原产于南美洲。我国明末自吕宋传入，我国各地均有栽培。

利用 | 叶片为烟草工业的原料。

（四十一）木樨科 Oleaceae

230. 多花素馨 *Jasminum polyanthum* Franchet
别称：野素馨、鸡爪花、狗牙花

形态特征｜木质缠绕藤本；小枝下垂。叶对生，羽状复叶；小叶5～7，卵形至卵状披针形，具3基出脉。聚伞圆锥花序顶生及腋生；花萼杯状，裂片5，线形；花冠白色或粉红色，裂片5，长圆形，脉纹明显。果近球形，熟时黑色。花期2—8月；果期11月。

生境与分布｜生于山谷、灌丛或疏林下，也见于村寨附近及石灰岩山坡。产于我国贵州、四川、云南。

利用｜花可提取芳香油；亦常栽培供观赏。

231. 茉莉花 *Jasminum sambac* (L.) Aiton
别称：茉莉

形态特征｜直立或攀缘灌木。单叶对生，纸质，圆形或卵状椭圆形。聚伞花序顶生；花萼钟状，裂片8～9，线性；花冠白色，裂片长圆形或近圆形。果球形，熟时紫黑色。花期5—8月；果期7—9月。

生境与分布｜原产于印度。我国南方地区常栽培。

利用｜花极芳香，可提制香精或制花茶。

232. 桂花 *Osmanthus fragrans* (Thunb.) Loureiro

别称：木樨、桂、四季桂

形态特征｜常绿灌木或乔木；树皮灰褐色。叶椭圆形或椭圆状披针形，叶面有细而密的泡状隆起。聚伞花序簇生于叶腋；苞片宽卵形，质厚；花萼盘状，边缘啮蚀状；花冠黄白色、淡黄色、黄色或橘红色，裂片4，椭圆形。果椭圆形，紫黑色。花期8—9月；果期9—11月。

生境与分布｜生于林缘村庄附近。产于我国贵州、四川、云南。我国各地广泛栽培。

利用｜花为名贵香料，可熏茶；可作食品香料，也可提取芳香油。

(四十二)车前科 Plantaginaceae

233. 大叶石龙尾 *Limnophila rugosa* (Roth) Merr.
别称：水八角、水薄荷、野八角

形态特征｜多年生草本；根茎横生，多须根。叶对生，卵形至椭圆形状卵形，基部下延至柄，具细锯齿，遍布灰白色泡沫状突起。花常聚集成头状；苞片近匙状长圆形；花冠淡蓝色，喉部黄色，内面具长柔毛，上唇圆形，下唇3裂，裂片圆形。蒴果卵状或扁球形。花果期8—11月。

生境与分布｜生于林下阴湿处、河边、河谷、池塘边或田地中。产于我国安徽、福建、广东、广西、湖南、台湾、香港、云南。

利用｜叶有浓厚的八角气味，可作香料代用品并可提取芳香油。

(四十三)芝麻科 Pedaliaceae

234. 芝麻 *Sesamum indicum* L.
别称：油麻、黑芝麻、白芝麻

形态特征｜一年生直立草本，高达1.5 m。叶长圆形或卵形，下部叶常掌状3裂，中部叶有齿缺，上部叶全缘。花单生或2～3朵腋生；花萼裂片披针形，白色带有紫红色或黄色的彩晕。蒴果长圆形，有纵棱，直立，被毛。花果期夏末秋初。

生境与分布｜原产于印度。我国汉朝时引入，现我国各地广泛栽培。

利用｜炒制后可作为香料增香。

（四十四）爵床科 Acanthaceae

235. 鳄嘴花 *Clinacanthus nutans* (Burm. f.) Lindau
别称：忧遁草、柔刺草、扭序花

形态特征｜多年生草本，高大直立或有时攀缘状；茎圆柱状，有细密的纵条纹。叶披针形或卵状披针形。圆锥花序常顶生，被腺毛；苞片线形；花冠深红色。蒴果。花期10月到翌年1月；果期3月。

生境与分布｜生于低海拔疏林中或灌丛内。产于我国广东、广西、海南、云南。

利用｜叶片可制成饮料。

（四十五）唇形科 Lamiaceae

236. 藿香 *Agastache rugosa* (Fisch. & C. A. Mey.) Kuntze
别称：土藿香、白薄荷、大薄荷

形态特征｜多年生草本；茎上部被细柔毛。叶心状卵形或长圆状披针形，具粗齿。穗状花序密集，顶生；苞叶披针状线形；花萼管状，倒圆锥形；花冠淡紫蓝色，上唇顶端微凹，下唇3裂，中裂片扇形，平展，边缘波状，侧裂片半圆形。小坚果褐色，卵球状长圆形。花期6—9月；果期9—11月。

生境与分布｜生于山坡或路旁；常见栽培。我国各地广泛分布。

利用｜果可作香料；叶及茎均富含挥发性芳香油，有浓郁的香味，为芳香油原料。

237. 到手香 *Coleus amboinicus* Lour.

别称：柠檬草、碰碰香、印度薄荷

形态特征｜多年生草本；茎蔓生，匍匐状，全株密被细密白色茸毛，具强烈辛香味。叶对生，卵形，肥厚，边缘具钝锯齿。穗状花序，顶生或腋生；花白色或淡黄色，小型。瘦果。花期春季至秋季。

生境与分布｜原产于非洲好望角、欧洲及南亚地区。我国福建、广东、广西、海南、江西、台湾及云南等地区常见栽培。

利用｜全株可作调味品。

238. 排香草 *Coleus strobilifer* (Roxb.) A. J. Paton

别称：太子香、到手香、排草

形态特征｜一年生草本；茎直立。叶卵状长圆形或圆形，边缘具细圆齿，肉质，两面被白色茸毛。穗状花序；萼檐二唇形，上唇在果时大而宽，呈卵形，全缘，下折，下唇截形；花冠紫色，冠筒细长，外露，冠檐二唇形，上唇短，下唇延长。小坚果。花期3月。

生境与分布｜原产于缅甸、斯里兰卡、印度。我国广东、广西和海南常见栽培。

利用｜叶可提取芳香油。

239. 野草香 *Elsholtzia cyprianii* (Pavolini) S. Chow ex P. S. Hsu
别称：野薄荷、木姜花、野狗芝麻

形态特征｜草本，高0.5～1 m。叶片卵形到长圆形，背面密被短柔毛。穗状花序圆筒状，顶生，短柔毛。坚果长圆状椭圆形，疏生毛。花果期8—11月。

生境与分布｜生于村旁路边。产于我国云南南部。海南有栽培。

利用｜在贵州常用作蘸水。

240. 水香薷 *Elsholtzia kachinensis* Prain
别称：安南木、猪菜草、水薄荷

形态特征｜草本，高10～40 cm；茎平卧，被柔毛。叶片卵形或卵状披针形，先端急尖或钝，基部宽楔形，边缘在基部以上具圆锯齿。穗状花序于茎及枝上顶生，开花时常作卵球形，在果时延长成圆柱形，疏柔毛。小坚果长圆形，栗色，短柔毛。花果期10—12月。

生境与分布｜生于河岸、森林、山谷潮湿的地区。产于我国广东、广西、贵州、湖北、湖南、江西、四川、云南。缅甸也有分布。

利用｜全株可当香料食用。

241. 香茶菜 *Isodon amethystoides* (Bentham) H. Hara
别称：台湾香茶菜、痱子草、山薄荷

形态特征 | 多年生草本，植株密被柔毛；茎四棱形，具槽。叶卵圆形或披针形，基部以上具圆齿。聚伞花序组成圆锥花序；花萼斜钟形，5裂；花冠白蓝色、白色或淡紫色，基部后方浅囊状，冠檐二唇形，上唇短4裂，下唇全缘，较长，内凹。小坚果卵球形。花期6—10月；果期9—11月。

生境与分布 | 生于林下或草丛中的湿润处。

利用 | 全株十分清香，特别是叶片，都可用于调味、食用。

242. 香蜂花 *Melissa officinalis* L.
别称：香蜂草、薄荷香脂、蜂香脂

形态特征 | 多年生草本；茎多分枝，四棱形，被柔毛。叶片卵圆形，边缘具锯齿状，上面被长柔毛。轮伞花序腋生；苞片叶状；花萼钟形，外面被有具节长柔毛，裂片二唇形；花冠乳白色，冠檐二唇形，上唇直伸。小坚果卵圆形。花期6—8月。

生境与分布 | 原产于大西洋沿岸、俄罗斯及伊朗至地中海沿岸。我国西南地区均有栽培。

利用 | 植株富含芳香油，是一种很好的芳香油植物；叶片可作烹饪香料，也可用于食品业加工作调味品。

243. 薄荷 *Mentha canadensis* L.

别称：野薄荷、香薷草、水薄荷

形态特征｜多年生草本；茎直立，多分枝，四棱形。叶卵状披针形或长圆形，基部以上疏生粗牙齿状锯齿，两面被微柔毛。轮伞花序腋生，球形；花萼管状钟形；花冠淡紫色或白色，冠檐4裂，上裂片较大，先端2裂，其余3裂片长圆形。小坚果卵珠形，黄褐色。花期9月；果期10月。

生境与分布｜喜生于水旁潮湿地。我国南北各地均有产。常见栽培。

利用｜幼嫩茎尖可作蔬菜，常作茶饮或香料；全草还可提取芳香油。

244. 皱叶留兰香 *Mentha crispata* Schrader ex Willd.

别称：皱叶薄荷

形态特征｜多年生草本；茎直立，钝四棱形，常带紫色，无毛。叶卵形或卵状披针形，边缘具锐裂的齿，叶面皱波状，背面脉带白色而明显隆起。轮伞花序密集于茎及分枝的顶端成穗状花序；花萼钟形；花冠淡紫色，冠檐4裂，裂片近等大。小坚果卵珠状三棱形。花期8—9月；果期9—11月。

生境与分布｜原产于欧洲。

利用｜嫩枝、叶常作香料食用。

245. 辣薄荷 Mentha × piperita L.
别称： 黑薄荷、椒样薄荷、欧薄荷

形态特征 | 多年生草本；茎四棱形，常带紫红色。叶片披针形至卵状披针形，边缘具不等大的锐锯齿，两面无毛或下面在脉上被短的刚毛，下面密被腺点。轮伞花序在茎及分枝顶端集合成穗状花序；花萼管状，紫色；花冠白色，冠檐具4裂片，仅等大。小坚果倒卵圆形。花期7月；果期8月。

生境与分布 | 产于欧洲和中东地区。我国有栽培。

利用 | 可提取精油，广泛应用于医药、食品、化妆品、香料、烟草等工业。

246. 留兰香 Mentha spicata L.
别称： 绿薄荷、香花菜、香薄荷、鱼香菜

形态特征 | 多年生草本；茎直立，具匍匐茎。叶卵状长圆形或长圆状披针形，边缘具不规则尖锯齿。轮伞花序组成圆柱形穗状花序；花萼钟形；花冠淡紫色，冠檐具4裂，裂片近等大。花期7—9月。

生境与分布 | 原产于俄罗斯、加那利群岛、马德拉群岛及南欧。我国广东、广西、贵州、海南、河北、湖北、江苏、四川、西藏、云南、浙江有栽培。

利用 | 嫩枝和叶常作调味香料食用。

247. 山香 *Mesosphaerum suaveolens* (L.) Kuntze

别称：白骨消、臭草、假藿香

形态特征 | 一年生草本；茎具分枝，被平展糙硬毛。叶卵形或宽卵形，边缘不规则波状，具细齿，两面疏被柔毛。聚伞花序组成总状或圆锥花序；花萼喉部被簇生长柔毛，萼齿短三角形；花冠蓝色，上唇先端2圆裂，下唇中裂片束状。小坚果侧扁。花、果期全年。

生境与分布 | 生于开阔荒地上。原产于美洲热带地区。我国福建、广西、广东、海南及台湾有逸生。

利用 | 全株可作香料。

248. 姜味草 *Micromeria biflora* (Buch.-Ham. ex D. Don) Benth.

别称：胡椒草、小香草、小姜草

形态特征 | 半灌木，丛生，具香味，高达30 cm；茎多数，密被白色近于平展具节疏柔毛及短柔毛，红紫色。叶小，卵圆形；侧脉4~5对，与中脉在上面不明显，下面微突出。聚伞花序，着花1~5朵，常于枝条近顶端着花1~2朵；花冠粉红色，外疏被微柔毛，内面无毛。小坚果长圆形，褐色，无毛。花期6—7月；果期7—8月。

生境与分布 | 生于石灰岩山地、开阔草地等处。产于我国贵州、云南。

利用 | 全株可作香料，具有柠檬的清香，还有点生姜的辛辣气味。

249. 罗勒 *Ocimum basilicum* L.

别称：零陵香、香草、九层塔

形态特征 | 一年生草本，茎直立，多分枝，钝四棱形。叶卵形至卵状长圆形，基部下延成狭翅，边缘具不规则的疏锯齿，两面近无毛。轮伞花序组成总状花序顶生；花萼钟形，先端呈二唇形，萼齿边缘均具缘毛，果时宿存，增大，脉纹显著；花冠淡紫色，冠筒内藏，冠檐二唇形。小坚果卵珠形。花期7—9月；果期9—12月。

生境与分布 | 生于路旁或村边荒地。原产于印度。我国各省区多有栽培，南方地区常逸生。

利用 | 主要用作调香原料，可配制化妆品、皂用及食用香精。

250. 疏柔毛罗勒 *Ocimum basilicum* var. *pilosum* (Willd.) Benth.

别称：荆芥、香草、薄荷

形态特征｜本变种与原变种的不同在于茎多分枝上升，叶小，长圆形，叶柄及轮伞花序极多疏柔毛，总状花序延长。

生境与分布｜生于路旁或荒地。原产于印度。我国华北至江南各省区均有栽培或逸生。

利用｜植株可提取芳香油。

251. 丁香罗勒 *Ocimum gratissimum* L.

别称：大叶零陵香

形态特征｜直立灌木，全株具芳香味；茎四棱形，被长柔毛。叶卵形至长卵形，基部楔形下延，边缘具圆锯齿，两面密被平贴长柔毛及金黄色腺点。总状花序腋生或顶生，常组成复总状花序，具长柔毛；苞片卵状菱形；萼钟状，果时增大，具翅及10脉；花冠黄色或白色，二唇形。小坚果近球形。花期10月；果期11月。

生境与分布｜原产于非洲和亚洲热带地区。我国福建、广东、广西、海南、江苏、台湾、云南、浙江有栽培。

利用｜嫩梢和嫩叶可食用，常作调味品；可提取芳香成分，应用于化妆品、香精等行业。

252. 毛叶丁香罗勒 *Ocimum gratissimum* var. *suave* (Willd.) Hook.f.
别称：青香罗勒

形态特征 | 直立灌木；茎、枝均四棱形，被长柔毛，四棱形，多分枝。叶卵圆状长圆形或长圆形，边缘疏生具胼胝尖的圆齿，两面密被柔毛状茸毛及金黄色腺点。总状花序腋生或顶生，在茎、枝顶端常呈三叉状；花冠白黄色至白色，冠檐二唇形，上唇宽大。小坚果近球状。花期10月；果期11月。

生境与分布 | 原产于马达加斯加，我国福建、广东、广西、海南、江苏、台湾、云南、浙江常见栽培。

利用 | 全株可提制芳香油。

253. 圣罗勒 *Ocimum tenuiflorum* Burm. f.
别称：泰罗勒

形态特征 | 半灌木，高达1 m；茎多分枝，被平展柔毛。叶长圆形，具浅波状锯齿，两面被微柔毛及腺点。轮伞花序，着花6朵，组成圆锥花序；苞片心形；花萼钟形；花冠白或粉红色，喉部膨大，冠檐二唇形，上唇短，下唇长圆形。小坚果卵球形。花期7—9月；果期9—12月。

生境与分布 | 生于干燥沙质草地上。产于我国广东、海南、四川、台湾。

利用 | 全株可提取精油。

254. 甘牛至 *Origanum majorana* L.

别称：马郁兰、马约兰、墨角兰

形态特征 | 多年生草本；茎直立，菱形或四方形。叶对生，倒卵形至阔椭圆形。圆锥花序，小穗长圆形；苞片被白色毛；花萼倾斜；花冠白色至粉红色或紫色。小坚果卵球状。

生境与分布 | 原产于北美和地中海沿岸等地区。我国广东、广西、海南等地有栽培。

利用 | 叶可作配料，用于制作色拉、酱汁和肉类烹调；可提取精油，用于化妆品中。

255. 牛至 *Origanum vulgare* L.

别称：滇香薷、小叶薄荷、排香草

形态特征 | 多年生草本；茎四棱形，稍带紫色。叶卵形或长圆状卵形，全缘或疏生细齿，下面密被长柔毛。穗状花序长圆柱形；苞片长圆状倒卵形或倒披针形；萼钟状，内面喉部有白色柔毛环；花冠紫色或白色，管状钟形，上唇直立，下唇开张。小坚果卵圆形。花期6—9月；果期10—12月。

生境与分布 | 生于山坡草地、林中或林缘。我国自甘肃、河南、江苏、陕西、新疆以南各省区均产。

利用 | 全株可提取芳香油。

256. 肾茶 *Orthosiphon aristatus* (Blume) Miq.
别称：牙努秒、猫须公、猫须草

形态特征｜多年生草本；茎被倒向柔毛。叶菱状卵形或长圆状卵形，具粗牙齿或疏生圆齿。聚伞圆锥花序，花序轴密被柔毛；花冠淡紫色或白色，上唇反折，3裂，下唇长圆形；花丝伸出，长丝状。花果期5—11月。

生境与分布｜生于林下潮湿处或路旁草丛。产于我国福建、广西、海南、台湾、云南。

利用｜全株可作饮料饮用。

257. 紫苏 *Perilla frutescens* (L.) Britt.
别称：鸡苏、假紫苏、白紫苏

形态特征｜一年生草本，被长柔毛；茎直立，四方形。叶阔卵形或圆卵形，边缘有粗锯齿。总状花序，密被长柔毛；花冠白色至紫色；雄蕊几不伸出。小坚果灰褐色，近球形。花果期8—12月。

生境与分布｜生于山地路旁或村边荒地。我国各省区广泛栽培。

利用｜本植物在我国栽培极广，供药用和香料用。

258. 野生紫苏 *Perilla frutescens* var. *purpurascens* (Hayata) H. W. Li

别称：白丝草、红香师菜、青叶紫苏

形态特征｜这一变种与原变种不同在于果萼小，下部被疏柔毛，具腺点；茎被短疏柔毛；叶较小，卵形，两面被疏柔毛；小坚果较小，土黄色。

生境与分布｜生于山地路旁、村边荒地，或栽培于舍旁。产于我国福建、广东、广西、贵州、河北、湖北、江苏、江西、山西、四川、台湾、云南、浙江。

利用｜可供药用和香料用。

259. 凉粉草 *Platostoma palustre* (Blume) A. J. Paton

别称：仙人伴、仙人冻、仙人草

形态特征｜一年生草本；枝及茎被柔毛及细刚毛，后脱落无毛。叶窄卵形或近圆形，两面被细刚毛或长柔毛或脱落无毛。轮伞花序组成顶生总状花序；萼小，钟状，二唇形；花冠白色或淡红色，喉部膨大，上唇阔，下唇长椭圆形。小坚果长圆形。花果期7—10月。

生境与分布｜生于水沟边及干沙地草丛中。产于我国广东、广西、江西、台湾、浙江。

利用｜茎加水煎煮，再加稀淀粉制成冻（俗称"凉粉"）食用，是消暑解渴的极佳食品。

260. 碰碰香 *Plectranthus* 'Cervezán Line'
别称：一抹香、触留香、绒毛香茶菜

形态特征｜多年生草本，植株具蔓性，全株被细密白茸毛。叶卵形或倒卵形，肉质，边缘具圆齿。顶生总状花序；花淡紫色、紫色或浅蓝色；苞片宽卵形到圆形，早落；花冠唇形。瘦果。花期春季至秋季。

生境与分布｜原产于非洲、欧洲及南亚。我国各地温室或苗圃有培育。

利用｜叶可作香料食用；植株肉质小巧，有香味，常作为盆栽养殖，可驱蚊。

261. 广藿香 *Pogostemon cablin* (Blanco) Benth.
别称：藿香、南藿香、枝香

形态特征｜多年生芳香草本或半灌木，高达1 m；全株被茸毛。叶圆形或宽卵形，具不规则齿裂。轮伞花序组成穗状花序；花萼筒状，萼齿钻状披针形；花冠紫色，雄蕊外伸。小坚果。花期4月。

生境与分布｜原产于菲律宾。我国福建、广东、广西、海南、台湾等地广为栽培。

利用｜含芳香油，可作香料；可药用，作为芳香健胃、解热、镇吐剂。

262. 豆腐柴 *Premna microphylla* Turcz.
别称： 豆腐木、止血草、观音草

形态特征 | 常绿灌木。叶卵状披针形、椭圆形、卵形或倒卵形，揉之有臭味，基部下延至叶柄成翅。聚伞花序组成塔形圆锥花序；花萼5浅裂，具缘毛；花冠淡黄色，被柔毛及腺点。核果紫色，球形至倒卵形。花果期5—10月。

生境与分布 | 生于山坡林下或林缘。产于我国华东、中南、华南以至贵州、四川等地。

利用 | 叶可制饮料食用。

263. 迷迭香 *Rosmarinus officinalis* L.
别称： 海露、海洋之露、葡匐迷迭香

形态特征 | 常绿灌木，高达 2 m；幼枝四棱形，密被白色星状微茸毛。叶交互对生，线形，下面密被白色星状线毛。花无梗，对生；花萼卵状钟形，外面密被白色星状茸毛及腺体；花冠蓝紫色，冠筒稍外伸，冠檐二唇形，上唇直伸，2浅裂，下唇宽大，3裂。花期11月。

生境与分布 | 原产于欧洲及北非地中海沿岸。我国各地有栽培。

利用 | 在西餐中常作食用香料；花和嫩枝可提取芳香油。

264. 海南黄芩 *Scutellaria hainanensis* C. Y. Wu

形态特征 | 多年生草本；茎枝具细纵条纹。叶宽卵圆形至近圆形，被微柔毛。花对生或排成总状花序顶生；花梗、花序轴密被短柔毛；花冠乳白色，冠筒前方基部屈膝状，冠檐二唇形，上唇直伸，宽三角状卵圆形，下唇3裂。小坚果。

生境与分布 | 生于山地空旷处。产于我国海南。

利用 | 全株可提取芳香油。

265. 爪哇黄芩 *Scutellaria javanica* Jungh.

形态特征 | 多年生草本，高约1 m。叶卵状披针形或椭圆状披针形，先端尾尖。总状花序偏向一侧，顶生；苞片披针形，具缘毛；花萼盾片半圆形；花冠暗紫色，前方基部屈膝状，二唇形，上唇直伸，宽三角状卵圆形，基部骤然收缩，下唇3裂。小坚果。花期4—5月。

生境与分布 | 产于我国海南。菲律宾、印度尼西亚也有分布。

利用 | 全株可提取芳香油。

266. 血见愁 *Teucrium viscidum* Bl.
别称：野苏麻、山藿香、野薄荷

形态特征 | 多年生草本，高达70 cm。叶卵形或卵状长圆形，边缘具重圆齿。轮伞花序具2花，密集成穗状花序；花梗密被腺长柔毛；苞片披针形；花萼钟形；花冠白色、淡红色或淡紫色，中裂片圆形，侧裂片卵状三角形。小坚果扁球形。花期6—12月。

生境与分布 | 生于灌丛、草坡或林下湿地，沟边溪旁较为常见。产于我国安徽、福建、甘肃、广东、广西、贵州、湖北、湖南、江苏、江西、陕西、四川、台湾、西藏、云南、浙江。

利用 | 可作香料食用。

267. 黄荆 *Vitex negundo* L.
别称：五指柑、黄荆条、黄荆柴

形态特征 | 灌木或小乔木；小枝密被灰白色茸毛。掌状复叶具小叶3～5，小叶长圆状披针形至披针形，全缘，背面密被灰白色茸毛。聚伞圆锥花序；花序梗密被灰色茸毛；花萼钟状，具5齿；花冠淡紫色，被茸毛，5裂，二唇形。核果近球形。花期4—5月；果期6—10月。

生境与分布 | 生于溪边、山坡或灌木丛中。产于我国长江以南各省区。

利用 | 花和枝叶可提取芳香油。

（四十六）冬青科 Aquifoliaceae

268. 冬青 *Ilex chinensis* Sims
别称：冻青树、四季青

形态特征 | 常绿乔木，高达 13 m。叶椭圆形或披针形，具圆齿。复聚伞花序单生叶腋；花淡紫色或紫红色；花萼4～5裂，裂片宽三角形；花瓣4～5，卵形。果长球形，熟时红色。花期4—6月；果期7—12月。

生境与分布 | 生于山坡常绿阔叶林中或林缘。产于我国安徽、福建、广东、广西、河南、湖北、湖南、江苏、江西、台湾、云南、浙江。

利用 | 民间利用叶泡茶，名"苦丁茶"，为夏季消暑饮品。

269. 扣树 *Ilex kaushue* S. Y. Hu
别称：苦丁茶

形态特征 | 常绿乔木，高达8 m；分枝粗壮，褐色。叶长圆形至长圆状椭圆形，边缘具重锯齿或粗锯齿。雄花呈聚伞花序或假总状花序；花萼盘形，4深裂，裂片阔卵状三角形；花瓣4，长椭圆形。果序

假总状，果球形，熟时红色。花期5—6月；果期9—10月。

生境与分布 | 生于山坡密林中。产于我国广东、广西、海南、湖北、湖南、四川、云南。

利用 | 民间利用叶泡茶，名"苦丁茶"，为夏季消暑饮品。

270. 大叶冬青 *Ilex latifolia* Thunb.

别称：苦丁茶

形态特征 | 常绿乔木，高达20 m。叶长圆形或卵状长圆形，边缘疏生锯齿。花序簇生叶腋，圆锥状；雄花序每分枝具3~9花，花瓣卵状长圆形；雌花序每分枝具1~3花，花瓣卵形。果球形，径7 mm，熟时红色，宿存柱头薄盘状。花期4月；果期9—10月。

生境与分布 | 生于山坡常绿阔叶林、灌丛或竹林中。产于我国安徽、福建、广东、广西、河南、湖北、湖南、江苏、江西、云南、浙江。

利用 | 民间利用叶泡茶，名"苦丁茶"，为夏季消暑饮品。

271. 铁冬青 *Ilex rotunda* Thunb.

别称：救必应、红果冬青

形态特征 | 常绿灌木或乔木。叶卵形、倒卵形或椭圆形，全缘。聚伞花序生于当年生枝叶腋；雄花4数，花萼盘形，浅裂，裂片三角形，花瓣长圆形；雌花5～7数，花萼近盘形，裂片三角形，花瓣倒卵状长圆形。果椭圆形，成熟后厚盘形。花期4月；果期8—12月。

生境与分布 | 生于山坡常绿阔叶林中和林缘。产于我国长江流域以南各省区及台湾。

利用 | 皮和叶可制成凉茶。

（四十七）菊科 Asteraceae

272. 黄花蒿 *Artemisia annua* L.
别称：草蒿、青蒿、苦蒿

形态特征｜一年生草本，植株有浓烈的挥发性香气；茎单生。茎下部叶三至四回栉齿状羽状深裂，上部叶与苞片叶一至二回栉齿状羽状深裂，近无柄。头状花序在分枝上排成总状或复总状花序，在茎上组成开展的尖塔形圆锥花；花深黄色。瘦果椭圆状卵形。花果期8—11月。

生境与分布｜生于路旁、荒地、林缘、河谷、草原等地。我国各地皆有产。

利用｜取枝叶制酒饼或作制酱的香料。

273. 青蒿 *Artemisia caruifolia* Buch.-Ham. ex Roxb.
别称：草蒿、茵陈蒿、香蒿

形态特征｜一年生草本；茎单生，无毛。叶两面无毛；基生叶与茎下部叶三回栉齿状羽状分裂，中部叶二回栉齿状羽状分裂。头状花序，具短梗，下垂，在分枝上排成穗状花序，并在茎上组成开展的圆锥花序；花淡黄色。瘦果长圆形。花果期6—9月。

生境与分布｜生于湿润的河岸边沙地、山谷、林缘、路旁。我国南北各地、滨海地区均有分布。

利用｜我国诺贝尔科学奖获得者屠呦呦发现"青蒿素"可用于治疗疟疾；全株也可提取芳香油。

274. 牡蒿 *Artemisia japonica* Thunb.

别称：铁菜子、水辣菜、假柴胡

形态特征 | 多年生草本；茎单生或少数。叶两面无毛或初微被柔毛；基生叶与茎下部叶倒卵形或宽匙形，羽状深裂或半裂；中部叶匙形，上端有3～5斜向浅裂片或深裂片。头状花序排成穗状或穗状总状花序，在茎上组成圆锥花序。瘦果倒卵形。花果期7—10月。

生境与分布 | 生于林缘、林中空地、疏林中、旷野、灌丛、丘陵、山坡、路旁等。

利用 | 含挥发油，全草可提取芳香油。

275. 五月艾 *Artemisia indica* Willd.

别称：野艾蒿、生艾、白蒿

形态特征 | 亚灌木状草本，植株具浓烈的香气。叶上面初被灰白色或淡灰黄色茸毛，下面密被灰白色蛛丝状茸毛；基生叶与茎下部一至二回羽状全裂或为大头羽状深裂，上部叶羽状全裂。头状花序在分枝上排成穗状花序式的总状花序或复总状花序；花冠檐部紫红色。瘦果长圆形或倒卵形。花果期8—10月。

生境与分布 | 生于林缘、坡地及灌丛处。

利用 | 全株可提取芳香油。

276. 柔毛艾纳香 *Blumea axillaris* (Lamarck) Candolle

形态特征 | 草本；茎被白色长柔毛。下部叶倒卵形，边缘有密细齿，两面被绢状长柔毛；中部叶倒卵形或倒卵状长圆形。头状花序密集成聚伞状，组成圆锥花序，花序梗被密长柔毛；总苞片紫色或淡红色，背面被密柔毛；花紫红色或下部淡白色。瘦果圆柱形。花期几全年。

生境与分布 | 生于田野或空旷草地。产于我国广东、广西、贵州、海南、湖南、江西、四川、台湾、云南、浙江等省区。

利用 | 含挥发油，全草可提取芳香油。

277. 艾纳香 *Blumea balsamifera* (L.) DC.

别称：大风艾、大风药、大艾叶

形态特征 | 多年生草本或亚灌木；茎密被黄褐色柔毛。下部叶宽椭圆形或长圆状披针形，边缘有细锯齿，上面被柔毛，下面被淡褐色或黄白色密绢状绵毛；上部叶长圆状披针形或卵状披针形。头状花序于茎、枝顶排成具叶的大圆锥状；花冠黄色。瘦果圆柱状。花果期3—6月。

生境与分布 | 产于我国福建、广东、广西、贵州、海南、台湾、云南。巴基斯坦、菲律宾、柬埔寨、老挝、马来西亚、缅甸、尼泊尔、泰国、印度、印度尼西亚、越南有分布。

利用 | 枝、叶、花序可提取芳香油，用来调制香精。全株为提取冰片（脑香）的原料，供药用，对发汗、祛痰、镇痛有疗效。

278. 芜菁叶艾纳香 *Blumea napifolia* DC.

形态特征｜一年生草本；茎直立有分枝，上部被密腺状短柔毛。下部叶倒卵形或长圆形，琴状分裂，顶裂片大，边缘有疏粗齿；上部叶小，不分裂，倒卵形至倒披针形。头状花序单生或2～4个丛生于茎和枝上部，再排成具叶的大圆锥状；花冠黄色。瘦果圆柱形。花期1—3月。

生境与分布｜生于田边、草地或空旷山坡上。产于我国海南和云南。

利用｜含挥发油，全草可提取芳香油。

279. 野菊 *Chrysanthemum indicum* L.

别称：菊花脑、疟疾草、路边黄

形态特征｜多年生草本；茎枝疏被毛。中部茎叶卵形、长卵形或椭圆状卵形，羽状半裂、浅裂，边缘有浅锯齿。头状花序排成疏散伞房状或伞房状；苞片边缘白色或褐色宽膜质；舌状花黄色。瘦果圆柱形。花果期6—11月。

生境与分布｜生于灌丛、山坡草地或路边溪旁。广布于我国东北、华北、华中、华南及西南各地。

利用｜花、叶可提取芳香油或浸膏，供配制各种皂用香精。

280. 菊花 *Chrysanthemum × morifolium* (Ramat.) Hemsl.

别称：小白菊、秋菊、菊

形态特征 | 多年生草本；茎直立，具纵棱，被灰白色柔毛。叶卵形至披针形，边缘有粗锯齿或羽状深裂。头状花序单生或数个聚生于茎和枝顶；总苞片绿色；舌状花白色、黄色、红色、黄红色或稀紫色。瘦果狭倒卵形。花果期9—11月。

生境与分布 | 原产于中国。我国各地普遍栽培。

利用 | 著名观赏花卉，世界四大切花之一；部分菊花品种可供饮用。

281. 小蓬草 *Erigeron canadensis* L.

别称：小飞蓬、加拿大蓬、小白酒草

形态特征 | 一年生草本；茎直立，上部多分枝，疏被长硬毛。下部叶倒披针形，边缘具疏锯齿或全缘；中部和上部叶较小，线状披针形或线形，边缘常被上弯的硬缘毛。头状花序细小，排列成顶生多分枝的大圆锥花序；总苞片线状披针形或线形；舌状花白色。瘦果线状披针形。花期5—9月。

生境与分布 | 生于旷野、荒地、田边或路旁。原产于北美洲。现在我国各地形成入侵。

利用 | 全草可提取芳香油。

282. 香丝草 *Erigeron bonariensis* L.
别称：蓑衣草、野地黄菊、野塘蒿

形态特征｜一年生或二年生草本；茎密被贴短毛，兼有疏长毛。下部叶倒披针形或长圆状披针形，具粗齿或羽状浅裂；中部和上部叶窄披针形或线形，具齿；叶两面均密被糙毛。头状花序在茎端排成总状或总状圆锥花序；总苞椭圆状卵形，背面密被灰白色糙毛；花淡黄色或白色。瘦果线状披针形。

生境与分布｜生于荒地、河堤、田边或路旁。原产于南美洲。现在我国各地形成入侵。

利用｜全草可提取芳香油。

283. 佩兰 *Eupatorium fortunei* Turcz.
别称：兰草、八月白、失力草

形态特征｜多年生草本；根茎横走，淡红褐色。中部茎生叶3全裂或深裂；上部茎生叶不裂，披针形、长椭圆状披针形或长椭圆形，两面无毛，边缘有粗齿。伞房状花序分枝；总苞钟状，苞片紫红色；花白色或带微红色。瘦果长椭圆形。花果期7—11月。

生境与分布｜生于路边灌丛及山沟路旁。我国华东、华中及西南均有产。

利用｜全株有香气，茎、叶均可蒸制芳香油。

284. 六棱菊 *Laggera alata* (D. Don) Sch.-Bip. ex Oliv.

别称：四棱锋、六棱锋、八里麻

形态特征 | 多年生草本；茎有棱，具翅，密被淡黄色腺状柔毛。叶长圆形或匙状长圆形，基部沿茎下延成茎翅，两面密被贴生、扭曲或头状腺毛。头状花序下垂，于茎、枝顶排成长圆形或尖塔形的大型总状圆锥花序；总苞长圆形或卵状长圆形；花冠淡红色、紫红色或紫色。瘦果圆柱形。花果期10月至翌年2月。

生境与分布 | 生于林下、林缘、灌丛下、草坡或田边路旁。我国东部、东南部至西南部有产。

利用 | 叶和花可提取芳香油。

285. 阔苞菊 *Pluchea indica* (L.) Less.

别称：栾樨、格杂树

形态特征 | 灌木；幼枝被柔毛。下部叶倒卵形或宽倒卵形，上面稍被柔毛或无毛，下面无毛或沿中脉被疏毛；中部和上部叶倒卵形或倒卵状长圆形，边缘具密，两面被卷柔毛。头状花序在茎枝顶端排成伞房花序；花序梗密被卷柔毛；总苞卵形或钟状；花紫色；雌花花冠丝状，两性花花冠管状。瘦果圆柱形。花期全年。

生境与分布 | 生于海滨沙地或近潮水的空旷地。产于我国广东、海南、台湾。

利用 | 叶可蒸制芳香油。

286. 香蝶菊 *Porophyllum ruderale* (Jacq.) Cass.
别称：点叶菊、玻利维亚香菜

形态特征｜一年生草本或亚灌木；植株有白色乳汁。叶卵形、椭圆形或倒卵形，边缘全缘或具圆齿。头状花序单生或排成伞房花序；花梗上部膨大；花冠管状，顶部5裂，黄色或略带紫色。花期4—9月。

生境与分布｜原产于美洲。在我国福建、广东和海南地区有分布。

利用｜叶具有柑橘、薄荷和香菜混合的味道，当作香菜食用。

287. 宽叶鼠曲草 *Pseudognaphalium adnatum* (Candolle) Y. S. Chen
别称：宽叶鼠麴草、宽叶拟鼠麴草

形态特征 | 多年生草本；茎单一，直立，上部伞房状分枝；植株密被白色绵毛。叶片倒卵状长圆形或倒披针状长圆形，基部下延抱茎；上部花序枝叶线形。头状花序在茎枝先端密聚成头状，再于茎上部排成大型伞房状花序；总苞近球形，白色或黄白色；雌花花冠毛管状，两性花花冠管状。瘦果长圆形。花果期7—12月。

生境与分布 | 生于林下、林缘、山坡灌丛、草坡、路边或溪旁。产于我国福建、甘肃、广东、广西、贵州、河南、湖南、江苏、江西、四川、台湾、西藏、云南、浙江。

利用 | 叶可提取芳香油。

288. 鼠曲草 *Pseudognaphalium affine* (D. Don) Anderberg
别称：田艾、清明菜、拟鼠麴草

形态特征 | 一年生草本；茎直立，基部具分枝；全株密被白色厚绵毛。茎下部和中部叶匙形或倒披针形；上部叶较小，倒披针状线形；边缘全缘。头状花序在茎和枝先端密聚，排列成伞房状花序；总苞宽钟形，金黄色、黄色或柠檬黄色；雌花花冠毛管状，两性花花冠管状。瘦果长圆形。花果期全年。

生境与分布 | 生于山坡、荒地、路边或田边。

利用 | 叶、花可提取芳香油。

289. 甜叶菊 *Stevia rebaudiana* (Bertoni) Bertoni
别称：甜菊、甜草

形态特征｜多年生草本；茎下部木质，上部多分枝。叶倒卵形、匙状披针形或披针形，下部全缘，上部有钝圆锯齿，两面均被短茸毛。头状花序多数排列成疏散的伞房花序；总苞筒状；花冠白色，5裂。瘦果微小，纺锤形。花期7—10月；果期9—11月。

生境与分布｜生于林下山坡杂草丛中。原产于南美洲。我国各地有栽培或逸生。

利用｜叶片可作甜菊茶。

290. 万寿菊 *Tagetes erecta* L.
别称：孔雀菊、小万寿菊、孔雀草

形态特征｜一年生草本，全株有臭味；茎近基部分枝。叶羽状分裂，裂片长椭圆形或披针形，具锐齿，上部叶裂片齿端有长细芒。头状花序单生；花序梗顶端棍棒状；总苞杯状；舌状花黄色或暗橙黄色，舌片倒卵；管状花花冠黄色，冠檐5齿裂。瘦果线形。花期7—9月。

生境与分布｜原产于墨西哥。

利用｜花可提取芳香油。

291. 芳香万寿菊 *Tagetes lemmonii* A. Gray

别称：甜万寿菊、香叶万寿菊

形态特征｜多年生草本，全株有甜香气味；茎多分枝。羽状复叶对生，有小叶5~7，小叶狭椭圆形或披针形，边缘具细密锯齿，仅基部叶退化成小芽状；叶柄具狭翅。头状花序单生或多朵组成圆锥花序顶生；花冠金黄色。花期冬季至翌年春季。

生境与分布｜原产于北美洲。我国各地有栽培。

利用｜常被用作香料，也可以作观赏植物。

（四十八）忍冬科 Caprifoliaceae

292. 忍冬 *Lonicera japonica* Thunb.

别称：金银花、老翁须、鸳鸯藤

形态特征｜半常绿木质藤本；幼枝暗红褐色，密被黄褐色开展糙毛和腺毛，下部常无毛。叶多为卵形或长圆状卵形，小枝上部叶两面均密被糙毛，下部叶常无毛。花双生，密被短柔毛和腺毛；苞片叶状；花冠黄色，二唇形，上唇具4裂片且直立，下唇反转。果球形，熟时黑色。花期4—6月；果期10—11月。

生境与分布｜生于山坡灌丛、路旁、村旁或庭园。产于我国大部分省区。海南有栽培。

利用｜花可作饮料。

（四十九）五加科 Araliaceae

293. 刺五加 *Eleutherococcus senticosus* (Ruprecht & Maximowicz) Maximowicz
别称：刺拐棒、老虎潦、短蕊刺五加

形态特征 | 灌木；小枝密被下弯针刺。叶具小叶5，小叶片椭圆状倒卵形或长圆形，边缘有锐利重锯齿。伞形花序单生或2～6个组成圆锥花序；花紫黄色；花瓣5，卵形。果实球形或卵球形，有5棱，黑色，具宿存花柱。花期6—7月；果期8—10月。

生境与分布 | 生于森林或灌丛中。产于我国北京、河北、河南、黑龙江、吉林、辽宁、山西、陕西、四川。

利用 | 叶片可泡茶。

（五十）伞形科 Apiaceae

294. 积雪草 *Centella asiatica* (L.) Urban
别称：铜钱草、马蹄草、崩大碗

形态特征 | 多年生草本；茎匍匐，节上生根。叶簇生茎节处，肾形或马蹄形，边缘具钝锯齿，两面常无毛。伞形花序有花3～4朵；花瓣卵形，紫红色或乳白色。果实圆形，两侧极扁压。花果期5—10月。

生境与分布 | 喜生于林下阴湿草地上和河沟边。广布于我国长江流域以南地区。

利用 | 嫩茎叶可供食用，也可做饮料。

295. 芫荽 *Coriandrum sativum* L.

别称：胡荽、香荽、香菜

形态特征｜一年生或二年生草本；茎圆柱形，多分枝。基生叶一至二回羽状全裂，裂片宽卵形或楔形；茎生叶二至多回羽状分裂，小裂片线形。伞形花序顶生或与叶对生；花白色或带淡紫色；花瓣倒卵形，顶端有内凹的小舌片。果实圆球形。花果期4—11月。

生境与分布｜原产于地中海沿岸。现我国大部分地区均有栽种。

利用｜茎叶作蔬菜和香料。

296. 刺芹 *Eryngium foetidum* L.

别称：刺芫荽、假香荽、假芫荽

形态特征｜二年生或多年生草本；茎直立，上部三至五歧聚伞式的分枝。基生叶披针形或倒披针形，边缘有骨质锐锯齿；茎生叶着生叉状分枝基部，对生，无柄，边缘有刺状锯齿。头状花序生于茎分叉处及上部短枝；总苞片叶状；花瓣白色或浅黄色，先端内折。果卵圆形或球形。花果期4—12月。

生境与分布｜生于林缘、竹林下、草坪、路旁或田园中。原产于美洲热带地区。在我国广东、广西、贵州、海南、香港、云南形成入侵。

利用｜可作食用香料，气味同芫荽。

297. 茴香 *Foeniculum vulgare* Mill.
别称：小茴香、茴香菜、松梢菜

形态特征｜一年生草本；茎直立，多分枝。叶轮廓呈阔三角形，二至三回羽状全裂，小裂片线形；中上部叶柄成鞘状。复伞形花序顶生或侧生；花瓣黄色，倒卵形。果长圆形。花期5—6月；果期7—9月。

生境与分布｜原产于地中海沿岸地区。我国大部分地区有栽培。

利用｜嫩叶可作蔬菜食用；果可提取芳香油，用作食品调味的香料。

298. 水芹 *Oenanthe javanica* (Bl.) DC
别称：野芹菜、水芹菜

形态特征｜多年生草本；茎直立或基部匍匐，中上部分枝。叶片轮廓三角形至卵状三角形，一至二回羽状分裂，末回裂片卵形或菱状披针形。复伞形花序顶生；无总苞片；小苞片线形；花瓣白色。果实椭圆形或矩圆形。花期6—7月；果期8—9月。

生境与分布｜多生于浅水低洼地方或池沼、水沟旁。我国各地均有产。

利用｜可作香料食用。

参考文献

白大娟，李翔，2010．黎族传统饮料植物初步调查[J]．热带农业科学，30（03）：37-40.

陈振夏，谢小丽，于福来，等，2019．海南岛可用于日化品的芳香植物及优势分析[J]．热带农业科学，39（01）：35-41.

程必强，2004．热带名特优香料植物及其发展[M]．昆明：云南科技出版社．

程必强，喻学俭，丁靖垲，等，2001．云南香料植物资源及其利用[M]．昆明：云南科技出版社．

龚薇，尤方东，陶欣，等，2023．园林绿化中的几种香料蜜源植物[J]．中国蜂业，74（10）：31-32，35.

郭振锋，董利萍，蔡国军，等，2009．我国的主要辛香料资源及开发利用[J]．中国林副特产（02）：68-72.

郝江珊，邢剑锋，符桂娴，等，2015．海口市公园芳香植物种类及应用调查[J]．热带生物学报，6（02）：180-188.

贾梅，2018．康复景观中几种芳香植物挥发物及其对人体健康影响的研究[D]．杭州：浙江农林大学．

柯用春，邢增通，李宏杨，等，2014．海南黎族植物利用现状及发展前景调查[J]．食品研究与开发，35（01）：111-113.

李春艳，冯爱国，2014．食用天然香料的应用及研究进展[J]．农业工程，4（03）：55-57.

李晓霞，杨虎彪，王建荣，等，2009．我国热带香料植物种质资源[J]．安徽农业科学，37（05）：2129-2131.

李宗艳，林萍，王锦，2008．我国工业用香料花卉开发利用现状[J]．北方园艺，32（6）：56-58.

廖宇兰，包盛妃，赵纪元，等，2021．芳香植物在园林中的应用[J]．现代园艺，44（19）：120-121.

刘瑾，丁平，2008．冬青属药用植物资源、化学成分及药理作用研究进展[J]．广州中医药大学学报，25（03）：277-280.

刘亚迪，徐珊珊，冷华南，2019．芳香植物在生态园林城市中的应用[J]．城乡建设，2（23）：36-39.

欧阳欢，龙宇宙，2008．建设国家热带香料饮料作物种质资源圃的思考[J]．中国野生植物资源，27（05）：38-41.

欧阳欢，邢谷杨，2001．热带香料植物开发利用研究[J]．农业系统科学与综合研究，17（02）：142-144，147.

潘玉梅，刘宏茂，许再富，2006．西双版纳傣族传统饮料植物利用的研究[J]．云南植物研究，28（06）：653-664.

秦太峰，周铁生，2011．云南特色天然香料资源开发与利用[M]．北京：中国农业科学技术出版社．

申瑞雪，闵睫，2022．芳香植物的应用形式及案例分析[J]．上海农业科技（5）：77-80，109.

苏凡，王清隆，吉训志，等，2023．海南新记录植物及其香料价值和入侵性分析[J]．热带作物学报，44（10）：1978-1980.

孙汉董，1988．中国香料植物资源[J]．香料香精化妆品（13）：2-14.

宛骏，庞玉新，杨全，等，2015．海南岛芳香植物资源的开发利用现状[J]．中国现代中药，17（03）：276-279，284.

汪东风，王常红，1994．中国饮料植物资源利用[J]．中国野生植物资源，13（4）：33-35.

王敏，2021．中国芳香植物资源开发现状及应用前景[J]．中国化妆品（4）：20-23.

王艺舟，谷荣辉，刘博，2017．滇西北藏区野生香料植物资源调查[J]．北方园艺，41（16）：112-120.

王有江，2019．天然香料市场现状及发展趋势分析[J]．中国化妆品（4）：26-31.

王祝年，肖邦森，李渊林，等，2002．海南岛香料植物名录[J]．热带作物学报，23（04）：62-72.

魏来，初众，赵建平，2009．香草兰的药用保健价值[J]．中国农学通报，25（06）：249-251.

邢谷杨，2000．我国主要热带香料植物科研和生产概述[J]．热带农业科学，20（03）：43-48.

于二汝，王少铭，罗莉斯，等，2016．天然香料植物迷迭香研究进展［J］．热带农业科学，36（07）：29-36.

张翠玲，徐飞，陈鹏，等，2012．可可间作糯米香茶生态效益研究初报［J］．热带作物学报，33（07）：1180-1183.

HAO C Y, QIN X W, TAN L H, et al, 2017. Piper jianfenglingense, a new species of Piperaceae from Hainan Island, China[J]. Phytotaxa , 331(1): 109–116.

HAO C Y, TAN Y H, HU L S, et al, 2015. Piper peltatifolium, a new species of Piperaceae from Hainan, China[J]. Phytotaxa, 236(3): 291–295.

NORMAN J, 1991. The Complete Book of Spices: A Practical Guide to Spices and Aromatic Seeds[M]. London: Studio Press.

NORMAN J, 2015. Herbs & Spices: Over 200 Herbs and Spices, with Recipes for Marinades, Spice Rubs, Oils, and More[M]. London: Dorling Kindersley Press.

SAJI K V, SASIKUMAR B, REMA J, et al., 2019. Spices Genetic Resources: Diversity, Distribution and Conservation. In: Rajasekharan, P., Rao, V. (eds) Conservation and Utilization of Horticultural Genetic Resources.[M]. Berlin: Springer, 283–320.

SU F, JI X Z, WU B D, et al., 2022. Piper puerense, a new species of Piperaceae from Yunnan, China[J]. Phytotaxa, 575(2): 159–165.

OTUNOLA G A, 2022. Culinary Spices in Food and Medicine:An Overview of Syzygium aromaticum(L.) Merr. and L. M. Perry [Myrtaceae][J]. Frontiers in Pharmacology, 13(12): 1-13.

中文名称索引

A

阿拉比卡咖啡	149
阿拉伯咖啡	149
矮砂仁	66
矮依兰	35
艾纳香	182
安南木	162
桉树	103
凹唇姜	68
澳洲红千层	102
澳洲指橙	113

B

八角	23
八角	37
八角茴香	23
八里麻	186
八月白	185
巴西胡椒木	110
巴西乳香	110
巴西肖乳香	110
白薄荷	160
白川	28
白豆蔻	61，62
白骨消	166
白蒿	181
白花蛇舌草	152
白腊子	121
白兰	33
白兰花	33
白毛茶	148
白缅桂	33
白缅花	33
白木香	142
白千层	105
白山柑	123
白丝草	172
白丝郁金	73
白樟	39
白芝麻	159
白紫苏	171
百辣云	83
斑斓叶	44
板兰香	44
半边枫	124
北葱	48
崩大碗	191
荜拔	30
闭鞘姜	51
滨梨	96
槟榔青	111
冰片树	40
玻利维亚香菜	187
薄荷	168
薄荷	164
薄荷香脂	163

C

菜椒	154
草果	65
草蒿	180
草蔻	53
茶	147
茶树	147
菖蒲兰	46
朝天椒	155
沉香	142
橙子	117
臭菜	93
臭菜藤	93
臭草	166
臭吴萸	127
臭樟	40
触留香	173
川郁金	72
串钱柳	102
垂枝红千层	102
春砂仁	66
春甜树	137
椿芽	137
瓷玫瑰	74
刺拐棒	191
刺花椒	130
刺玫	96
刺芹	192
刺毬花	95
刺三加	134
刺五加	191
刺芫荽	192
葱	48
粗叶榕	96

D

大艾叶	182
大薄荷	160
大风艾	182
大风草	86
大风药	182
大高良姜	53
大果咖啡	150
大花凹唇姜	68
大花可可	141
大粒咖啡	150
大良姜	53
大料	23
大麦柑	117
大青叶	96
大树茶	147
大蒜	49
大王香荚兰	45
大香叶	42
大叶桉	103
大叶茶	148
大叶丁香蒲桃	108
大叶冬青	178
大叶蒟	26
大叶零陵香	168
大叶猫爪簕	135
大叶山柰	79
大叶石龙尾	159
大叶相思	88
大叶依兰	35
大叶尤加利	103
大叶樟	37
单叶拟豆蔻	73
单叶藤橘	127
到手香	161
到手香	161
灯笼草	36
帝王香荚兰	45
滇姜花	77
滇香薷	170
点叶菊	187
调料九里香	126
蝶豆	90
丁香罗勒	168
丁香蒲桃	107
丁子香	107
东风桔	112
东风橘	112
冬青	177
冻青树	177
豆腐柴	174
豆腐木	174
豆蔻	32
短蕊刺五加	191
钝叶桂	37
钝叶楠	37

中文名称索引

钝叶樟	37	狗牙花	157	黑格	89	黄花蒿	180
盾状胡椒	30	枸橼	118	黑果山姜	55	黄花胡椒	25
多花山姜	58	枸橼子	118	黑节草	44	黄姜花	76
多花素馨	157	古朴阿苏	141	黑芝麻	159	黄金串钱柳	104
多脉普洱茶	148	观赏椒	155	红草果	65	黄荆	176
多穗柯	97	观音菜	98	红葱	46	黄荆柴	176
多香果	106	观音草	174	红豆蔻	53	黄荆条	176
		光果姜	82	红果冬青	179	黄桷兰	34
E		光滑黄皮	121	红胡椒	110	黄葵	137
峨眉姜花	75	光叶山小桔	122	红花月桃	58	黄辣椒	155
莪术	72	光叶山小橘	122	红茴砂	74	黄兰含笑	34
鳄嘴花	160	广藿香	173	红茴香砂仁	74	黄缅桂	34
耳叶相思	88	广商陆	51	红姜花	75	黄皮	121
二色可可	139	广西莪术	70	红蔻	53	黄球姜	84
		桂	158	红瓶刷	101	黄蜀葵	137
F		桂莪术	70	红姜	85	黄玉兰	34
芳香蓼	145	桂花	158	红山姜	58	黄樟	40
芳香万寿菊	190	桂皮	38	红团叶	59	黄栀子	151
飞龙掌血	128	桂枝	38	红香师菜	172	茴香	193
菲律宾蜡花	74	过山香	120	胡椒	28	茴香菜	193
痱子草	163			胡椒草	166	火炬姜	74
枫茅	87	**H**		胡椒木	132	藿香	160
蜂巢姜	84	蛤蒟	31	胡椒木	133	藿香	173
蜂香脂	163	海巴戟	152	胡蒜	49		
佛手	117	海巴戟天	152	胡荽	192	**J**	
佛手柑	117	海滨木巴戟	152	蝴蝶豆	90	鸡咀簕	132
福建土砂仁	54	海椒	154	互叶白千层	103	鸡皮	121
		海露	174	花椒	133	鸡屎果	124
G		海梅	143	花椒簕	132	鸡苏	171
咖喱	126	海南黄芩	175	花梨公	91	鸡爪花	157
甘牛至	170	海南黄檀	91	花梨母	91	积雪草	191
岗松	101	海南假砂仁	60	花梨木	91	蕺菜	24
高良姜	56	海南三七	80	花榈木	93	加拿大蓬	184
糕叶	59	海南砂仁	62	花叶良姜	59	加拿楷	35
哥埋养榴	126	海南山姜	53	花叶艳山姜	60	加椰芒	111
革叶山姜	52	海南檀	91	华南桂	36	假柴胡	181
格杂树	186	海棠花	96	华南夜来香	154	假桂皮	41
公丁香	107	海洋之露	174	华南樟	36	假花椒	112
贡甲	123	和山姜	54	华山姜	55	假黄皮	120
狗花椒	130	黑薄荷	165	黄弹	121	假藿香	166
狗屎橘	127	黑川	28	黄灯笼辣椒	155	假蒟	31

假香菱	192	韭	49	老翁须	190	猫须公	171
假芫荽	192	韭菜	49	叻沙	145	猫爪簕	128
假益智	54	酒饼簕	112	勒檵	132	毛椿	137
假鹰爪	36	酒饼叶	36	簕檵花椒	132	毛刺花椒	130
假紫苏	171	救必应	179	雷公笋	51	毛莪术	70
尖叶子	146	菊	184	利比里亚咖啡	150	毛姜花	77
见血飞	128	菊花	184	廉姜	55	毛绞股蓝	98
箭杆风	54, 55	菊花脑	183	楝叶吴萸	127	毛叶丁香罗勒	169
姜	83	蒟酱	25	楝叶吴茱萸	127	玫瑰	96
姜荷花	69			凉粉草	172	玫瑰茄	138
姜花	75	K		两面针	135	美花红千层	101
姜黄	69	卡瓦胡椒	27	两粤黄檀	90	美山奈	78
姜黄	71	开南山姜	53	两粤檀	90	美山奈	78
姜三七	81	可可	140	灵香草	146	迷迭香	174
姜田七	81	孔雀草	189	零陵香	167	米仔兰	136
姜味草	166	孔雀菊	189	留兰香	165	蜜罗柑	117
降香	91	扣树	177	琉球花椒	132	茗	147
降香黄檀	91	苦茶	148	六棱锋	186	茉莉	157
降真香	112	苦丁茶	177, 178	六棱菊	186	茉莉花	157
椒样薄荷	165	苦蒿	180	菱叶	25	墨角兰	170
角果胡椒	29	苦香	143	鲁望桔	123	墨脱豆蔻	67
绞股蓝	98	宽叶拟鼠麴草	188	路边黄	183	墨脱花椒	134
藠头	48	宽叶鼠曲草	188	栾樨	186	墨西哥胡椒	24
节鞭山姜	52	宽叶鼠麴草	188	罗布斯塔咖啡	149	牡蒿	181
姐色果	130	括花草	87	罗勒	167	木个	111
金宝树	101	阔苞菊	186	罗望子	94	木姜花	162
金柑	114			罗望子叶黄檀	92	木姜叶柯	97
金合欢	95	L		裸果胡椒	29	木姜子	43
金橘	114	拉西奥皮丝咖啡	151	洛神花	138	木樨	158
金门莎草	85	辣薄荷	165	绿薄荷	165		
金钱蒲	43	辣姜子	43	绿壳砂	66	N	
金叶白千层	104	辣椒	154			南藿香	173
金银花	190	辣蓼	144	M		南姜	56
锦橘果	129	辣柳菜	144	麻根	26	南山藤	153
荆芥	168	辣子	154	麻绞叶	126	南蛇簕藤	93
靓仔桉	102	兰草	185	马氏凹唇姜	68	南洋橄榄	111
九层塔	167	兰屿肉桂	39	马蹄草	191	拟鼠麴草	188
九翅豆蔻	63	蓝蝴蝶	90	马郁兰	170	柠果	116
九翅砂仁	63	蓝花豆	90	马约兰	170	柠檬	115
九里香	125	老虎潦	191	满江香	126	柠檬桉	102
久菜	49	老姜	83	猫须草	171	柠檬草	86

中文名称索引

柠檬草	161	青梅	143	山胡椒	42, 43, 136	水芹	193
柠檬香茅	86	青皮	143	山花椒	131, 136	水芹菜	193
柠檬香桃木	100	青香罗勒	169	山黄皮	120, 124	水蜈蚣	43
柠檬香桃叶	100	青香茅	86	山藿香	176	水香薷	162
牛牯缩砂	64	青叶紫苏	172	山鸡椒	42	四季桂	158
牛角花	95	清明菜	188	山鸡皮	120	四季桔	119
牛至	170	清香木	109	山姜	54	四季橘	119
扭鞘香茅	87	清香树	109	山姜子	42	四季青	177
扭序花	160	秋菊	184	山苦茶	99	四棱锋	186
疟疾草	183	驱蛔虫草	146	山蒟	114	松梢菜	193
		驱蚊草	99	山柰	78	酸豆	94
O		驱蚊香草	99	山茄子	138	酸柑	119
欧薄荷	165			山香	166	酸角	94
		R		山小橘	122	酸梅	94
P		蘘荷	82	山油柑	112	蒜	49
帕哈	93	忍冬	190	山油麻	137	蒜头	49
排草	161	绒毛香茶菜	173	山玉桂	37	菱味砂仁	61
排香草	170	柔刺草	160	山指甲	36	蓑衣草	185
排香草	161	柔毛艾纳香	182	珊瑚姜	81	缩砂密	66
佩兰	185	肉豆蔻	32	少花桂	40		
蓬莪术	72	肉桂	38	蛇舌草	152	**T**	
碰碰香	173	肉桂	36	蛇总管	152	台湾柳	89
碰碰香	161	肉果	32	肾茶	171	台湾球兰	153
平安树	39			生艾	181	台湾相思	89
瓶刷木	101	**S**		生姜	83	台湾香茶菜	163
坡垒	143	三百棒	128	圣罗勒	169	太子香	161
葡匐迷迭香	174	三叉苦	124	失力草	185	泰国白豆蔻	62
普洱茶	148	三七姜	81	十里香	120	泰罗勒	169
		三丫虎	124	石苓舅	122	檀香	144
Q		三桠苦	124	食用槟榔青	111	藤春	90
七里香	125, 126	三叶花椒	134	手指柠檬	113	藤橘	127
千层金	104	三叶藤桔	123	手指香檬	113	天葵	98
千里香	125	三叶藤橘	123	疏柔毛罗勒	168	田艾	188
荞头	48	三仔苦	124	蜀椒	133	甜草	189
巧克力树	140	散沫花	100	鼠曲草	188	甜茶	97
秦椒	133	沙姜	78	双色可可	139	甜菊	189
青橄榄	111	砂仁	66	水八角	159	甜万寿菊	190
青蒿	180	砂糖木	112	水薄荷	159, 162, 164	甜叶菊	189
青蒿	180	山薄荷	163	水蕉花	51	铁菜子	181
青花椒	136	山苍子	42, 43	水辣菜	181	铁冬青	179
青椒	136	山柑	112	水蓼	144	铁皮石斛	44

199

桐叶胡椒	30	香艾	99	香叶子	42	烟草	156
铜钱草	191	香薄荷	165	香楹	89	烟叶	156
土沉香	142	香菜	192	香橼	118	芫荽	192
土桂皮	40	香草	43，146，167，168	香樟	38，39，40	艳山姜	59
土花椒	131	香草兰	45	小白酒草	184	羊山刺	134
土藿香	160	香茶菜	163	小白菊	184	阳春砂仁	66
土田七	81	香椿	137	小草蔻	53	阳荷	84
吐鲁胶	92	香蝶菊	187	小菖兰	46	洋葱	47
吐鲁香	92	香蜂草	163	小飞蓬	184	洋柠檬	115，116
椭圆叶野桐	99	香蜂花	163	小果咖啡	149	洋柠檬	116
		香附	85	小红蒜	46	洋素馨	156
W		香附子	85	小花山姜	51	椰树	50
外木个	111	香根鸢尾	47	小花山柰	79	椰子	50
万寿菊	189	香桂	37，40	小黄皮	120	野艾蒿	181
温郁金	73	香桂	41	小茴香	193	野八角	159
文旦柚	117	香蒿	180	小姜草	166	野薄荷	162，164，176
卧茎夜来香	154	香合欢	89	小粒咖啡	149	野草香	162
芜菁叶艾纳香	183	香花菜	165	小麻木	121	野地黄菊	185
五色椒	155	香吉果	129	小蓬草	184	野狗芝麻	162
五香八角	23	香荚兰	45	小青柑	119	野桂皮	36
五叶山小桔	122	香辣蓼	145	小万寿菊	189	野花椒	131
五叶山小橘	122	香蓼	145	小香草	166	野黄皮	120
五月艾	181	香露兜	44	小叶薄荷	170	野姜	82，84
五爪兰	34	香麻	86	小叶九里香	126	野椒	136
五指柑	176	香茅	86	小叶米仔兰	136	野韭菜	43
五指毛桃	96	香茅草	86	小叶爬崖香	32	野菊	183
		香泡	118	小叶樟	38	野橘	127
X		香茜藤	89	小伊兰	35	野棉花	137
西藏大豆蔻	64	香薷草	164	小依兰	35	野木姜子	42
西藏豆蔻	64	香树皮	41	小夷兰	35	野芹菜	193
西柠檬	115	香水兰	46	小芸木	124	野生紫苏	172
锡兰肉桂	41	香水柠檬	116	斜叶黄檀	92	野苏麻	176
细萼茶	148	香丝草	185	斜叶檀	92	野素馨	157
狭叶白千层	105	香荽	192	薤	48	野塘蒿	185
狭叶茶	148	香头草	85	雄丁香	107	野吴萸	127
仙人伴	172	香雪兰	46	血见愁	176	野香茅	87
仙人草	172	香叶树	109			野油麻	137
仙人冻	172	香叶树	42	**Y**		野栀子	151
暹罗花	136	香叶树	39	鸭皂树	95	叶下穿针	135
相思树	89	香叶天竺葵	99	牙努秒	171	夜丁香	156
相思仔	89	香叶万寿菊	190	牙香树	142	夜来香	153

夜来香	156	油椰子	50	越南芫荽	145	指橙	113
夜兰香	153	油棕	50	云南肉豆蔻	33	指甲花	100
夜香花	153	疣果豆蔻	64	云南铁皮	44	指甲木	100
夜香树	156	柚	117	云南樟	39	指甲叶	100
夜香藤	153	鱼香菜	165			指天椒	155
一抹香	173	鱼腥草	24	**Z**		中果咖啡	149
伊兰香	35	羽叶檀	92，93	粘毛蓼	145	中华辣椒	155
依兰	35	玉桂	38	樟木子	38	中粒咖啡	149
异叶花椒	134	玉果	32	樟树	38	众香	106
益智	57	玉椒	28	长柄豆蔻	63	皱叶薄荷	164
益智仁	57	郁金	69	长耳树胡椒	24	皱叶留兰香	164
益智子	57	郁金	71，72	掌叶榕	96	皱叶山姜	59
翼叶九里香	125	鸳鸯藤	190	爪哇白豆蔻	61	猪菜草	162
阴姜	81	圆瓣姜花	76	爪哇黄芩	175	竹叶花椒	131
阴香	37	圆葱	47	爪哇香茅	87	紫背天葵	98
茵陈蒿	180	圆金橘	114	折耳根	24	紫花山奈	78
印度薄荷	161	缘毛胡椒	31	真檀	144	紫花山柰	78
印度紫檀	93	月桂	41	鹧鸪茶	99	紫苏	171
鹰爪	34	月季	95	芝麻	159	紫檀	93
鹰爪花	34	月季花	95	枝香	173	紫油木	109
鹰爪兰	34	月橘	125	栀子	151	总序咖啡	151
忧遁草	160	月月红	95	栀子花	151	总状咖啡	151
油麻	159	月月花	95	止血草	174	醉椒木	27

拉丁学名索引

A

Abelmoschus moschatus	137
Acacia auriculiformis	88
Acacia confusa	89
Acorus gramineus	43
Acronychia pedunculata	112
Agastache rugosa	160
Aglaia odorata	136
Albizia odoratissima	89
Allium cepa	47
Allium chinense	48
Allium fistulosum	48
Allium sativum	49
Allium tuberosum	49
Alpinia brevis	51
Alpinia conchigera	52
Alpinia coriacea	52
Alpinia galanga	53
Alpinia hainanensis	53
Alpinia japonica	54
Alpinia maclurei	54
Alpinia nigra	55
Alpinia oblongifolia	55
Alpinia officinarum	56
Alpinia oxyphylla	57
Alpinia polyantha	58
Alpinia purpurata	58
Alpinia rugosa	59
Alpinia zerumbet 'Variegata'	60
Alpinia zerumbet	59
Amomum chinense	60
Amomum compactum	61
Amomum coriandriodorum	61
Amomum kravanh	62
Amomum longiligulare	62
Amomum longipetiolatum	63
Amomum maximum	63
Amomum muricarpum	64
Amomum tibeticum	64
Amomum tsaoko	65
Amomum villosum	66
Amomum villosum var. xanthioides	66
Amomum xizangense	67
Aquilaria sinensis	142
Artabotrys hexapetalus	34
Artemisia annua	180
Artemisia caruifolia	180
Artemisia indica	181
Artemisia japonica	181
Atalantia buxifolia	112

B

Backhousia citriodora	100
Baeckea frutescens	101
Begonia fimbristipula	98
Blumea axillaris	182
Blumea balsamifera	182
Blumea napifolia	183
Boesenbergia maxwellii	68
Boesenbergia rotunda	68

C

Callistemon citrinus	101
Callistemon viminalis	102
Camellia sinensis	147
Camellia sinensis var. assamica	148
Camellia sinensis var. pubilimba	148
Camphora parthenoxylon	40
Cananga odorata var. fruticosa	35
Cananga odorata	35
Capsicum annuum	154
Capsicum annuum var. conoides	155
Capsicum chinense	155
Centella asiatica	191
Cestrum nocturnum	156
Chrysanthemum indicum	183
Chrysanthemum × morifolium	184
Cinnamomum austrosinense	36
Cinnamomum bejolghota	37
Cinnamomum burmanni	37
Cinnamomum camphora	38
Cinnamomum cassia	38
Cinnamomum glanduliferum	39
Cinnamomum kotoense	39
Cinnamomum pauciflorum	40
Cinnamomum subavenium	41
Cinnamomum verum	41
Citrus × limon 'Rosso'	116
Citrus × limon	115
Citrus × microcarpa	119
Citrus australasica	113
Citrus japonica	114
Citrus maxima	117
Citrus medica 'Fingered'	117
Citrus medica	118
Clausena emarginata	120
Clausena excavata	120
Clausena lansium	121
Clausena lenis	121
Clinacanthus nutans	160
Clitoria ternatea	90
Cocos nucifera	50
Coffea arabica	149
Coffea canephora	149
Coffea liberica	150
Coffea racemosa	151
Coleus amboinicus	161
Coleus strobilifer	161
Coriandrum sativum	192
Curcuma alismatifolia	69
Curcuma aromatica	69

Curcuma kwangsiensis	70	
Curcuma longa	71	
Curcuma phaeocaulis	72	
Curcuma sichuanensis	72	
Curcuma wenyujin	73	
Cymbopogon citratus	86	
Cymbopogon mekongensis	86	
Cymbopogon tortilis	87	
Cymbopogon winterianus	87	
Cyperus rotundus	85	

D

Dalbergia benthamii	90
Dalbergia hainanensis	91
Dalbergia odorifera	91
Dalbergia pinnata	92
Dendrobium officinale	44
Desmos chinensis	36
Dregea volubilis	153

E

Elaeis guineensis	50
Elettariopsis monophylla	73
Eleutherine plicata	46
Eleutherococcus senticosus	191
Elsholtzia cyprianii	162
Elsholtzia kachinensis	162
Erigeron bonariensis	185
Erigeron canadensis	184
Eryngium foetidum	192
Etlingera elatior	74
Etlingera littoralis	74
Eucalyptus citriodora	102
Eucalyptus robusta	103
Eupatorium fortunei	185

F

Ficus hirta	96
Foeniculum vulgare	193
Freesia refracta	46

G

Gardenia jasminoides	151
Glycosmis craibii var. *glabra*	122
Glycosmis pentaphylla	122
Gynostemma pentaphyllum	98

H

Hedychium coccineum	75
Hedychium coronarium	75
Hedychium flavum	76
Hedychium forrestii	76
Hedychium villosum	77
Hedychium yunnanense	77
Hellenia speciosa	51
Hibiscus sabdariffa	138
Hopea hainanensis	143
Houttuynia cordata	24

I

Ilex chinensis	177
Ilex kaushue	177
Ilex latifolia	178
Ilex rotunda	179
Illicium verum	23
Iris pallida	47
Isodon amethystoides	163

J

Jasminum polyanthum	157
Jasminum sambac	157

K

Kaempferia elegans	78
Kaempferia galanga	78
Kaempferia galanga var. *latifolia*	79
Kaempferia parviflora	79
Kaempferia rotunda	80

L

Laggera alata	186
Lawsonia inermis	100
Limnophila rugosa	159
Lindera communis	42
Lithocarpus litseifolius	97
Lithocarpus polystachyus	97
Litsea cubeba	42
Litsea pungens	43
Lonicera japonica	190
Luvunga scandens	123
Lysimachia foenum-graecum	146

M

Maclurodendron oligophlebium	123
Mallotus peltatus	99
Melaleuca alternifolia	103
Melaleuca bracteata	104
Melaleuca cajuputi subsp. *cumingiana*	105
Melaleuca linariifolia	105
Melicope pteleifolia	124
Melissa officinalis	163
Mentha × *piperita*	165
Mentha canadensis	164
Mentha crispata	164
Mentha spicata	165
Mesosphaerum suaveolens	166
Michelia × *alba*	33
Michelia champaca	34
Micromelum integerrimum	124
Micromeria biflora	166
Morinda citrifolia	152
Murraya alata	125
Murraya exotica	125
Murraya koenigii	126
Murraya microphylla	126
Myristica fragrans	32
Myristica yunnanensis	33
Myroxylon balsamum	92

N

Nicotiana tabacum	156

O

Ocimum basilicum	167
Ocimum basilicum var. *pilosum*	168
Ocimum gratissimum	168
Ocimum gratissimum var. *suave*	169
Ocimum tenuiflorum	169
Oenanthe javanica	193
Origanum majorana	170
Origanum vulgare	170
Orthosiphon aristatus	171
Osmanthus fragrans	158

P

Pandanus amaryllifolius	44
Paramignya confertifolia	127
Pelargonium graveolens	99
Perilla frutescens var. *purpurascens*	172
Perilla frutescens	171
Persicaria hydropiper	144
Persicaria odorata	145
Persicaria viscosa	145
Pimenta racemosa	106
Piper auritum	24
Piper betle	25
Piper flaviflorum	25
Piper laetispicum	26
Piper longum	30
Piper magen	26
Piper methysticum	27
Piper nigrum	28
Piper nudibaccatum	29
Piper pedicellatum	29
Piper peltatum	30
Piper sarmentosum	31
Piper semiimmersum	31
Piper sintenense	32
Pistacia weinmanniifolia	109
Platostoma palustre	172
Plectranthus 'Cervezán Line'	173
Pluchea indica	186
Pogostemon cablin	173
Porophyllum ruderale	187
Premna microphylla	174
Pseudognaphalium adnatum	188
Pseudognaphalium affine	188
Pterocarpus indicus	93

R

Rosa chinensis	95
Rosa rugosa	96
Rosmarinus officinalis	174

S

Santalum album	144
Schinus terebinthifolia	110
Scleromitrion diffusum	152
Scutellaria hainanensis	175
Scutellaria javanica	175
Senegalia pennata	93
Sesamum indicum	159
Spondias dulcis	111
Spondias pinnata	111
Stahlianthus involucratus	81
Stevia rebaudiana	189
Syzygium aromaticum	107
Syzygium caryophyllatum	108

T

Tagetes erecta	189
Tagetes lemmonii	190
Tamarindus indica	94
Telosma cordata	153
Telosma procumbens	154
Tetradium glabrifolium	127
Teucrium viscidum	176
Theobroma bicolor	139
Theobroma cacao	140
Theobroma grandiflorum	141
Toddalia asiatica	128
Toona sinensis	137
Triphasia trifolia	129

V

Vachellia farnesiana	95
Vanilla imperialis	45
Vanilla planifolia	45
Vatica mangachapoi	143
Vitex negundo	176

Z

Zanthoxylum acanthopodium	130
Zanthoxylum armatum	131
Zanthoxylum avicennae	132
Zanthoxylum beecheyanum	132
Zanthoxylum bungeanum	133
Zanthoxylum dimorphophyllum	134
Zanthoxylum motuoense	134
Zanthoxylum nitidum	135
Zanthoxylum schinifolium	136
Zingiber corallinum	81
Zingiber mioga	82
Zingiber nudicarpum	82
Zingiber officinale	83
Zingiber spectabile	84
Zingiber striolatum	84
Zingiber zerumbet	85